Otto Bruhns

Aufgabensammlung Technische Mechanik 1

Statik für Bauingenieure
und Maschinenbauer

Otto Bruhns

Aufgabensammlung Technische Mechanik 1

Statik für Bauingenieure und Maschinenbauer

Mit 321 Abbildungen

2., verbesserte Auflage

Die Deutsche Bibliothek – CIP-Einheitsaufnahme
Ein Titeldatensatz für diese Publikation ist bei
Der Deutschen Bibliothek erhältlich.

1. Auflage, Juni 1996
2., verbesserte Auflage, November 2000

Alle Rechte vorbehalten
© Friedr. Vieweg & Sohn Verlagsgesellschaft mbH, Braunschweig/Wiesbaden, 2000

Der Verlag Vieweg ist ein Unternehmen der Fachverlagsgruppe BertelsmannSpringer.

www.vieweg.de

Konzeption und Layout des Umschlags: Ulrike Weigel, www.CorporateDesignGroup.de
ISBN-13: 978-3-528-17420-0   e-ISBN-13: 978-3-322-85065-2
DOI: 10.1007/978-3-322-85065-2

Vorwort

Die Mechanik ist eine der Grundlagen der Ingenieurwissenschaften. Sie soll die Studierenden an die Ingenieurprobleme heranführen und soll sie später in die Lage versetzen, neuen Problemen mit geschärftem analytischen Denkvermögen begegnen zu können.

Erfahrungsgemäß ist das Erlernen der wesentlichen Grundlagen und Methoden der Mechanik etwas, das den Studierenden der Ingenieurwissenschaften zu Beginn ihres Studiums besonders schwer fällt. Das vorliegende Buch soll dazu beitragen, die Schwierigkeiten beim Erlernen dieses Faches zu überwinden. Es wendet sich deshalb insbesondere an die Studierenden des Bauingenieurwesens und des Maschinenbaus im Grundstudium.

Das Buch folgt eng der didaktischen Linie der Mechanik-Vorlesungen an deutschen Hochschulen. Es ist insbesondere hervorgegangen aus meiner langjährigen Lehrtätigkeit an der Ruhr-Universität in Bochum.

Das vorliegende Studienbuch ist der erste Band einer Reihe "Aufgabensammlung Mechanik", die die Bände "Elemente der Mechanik" ergänzen und abrunden soll. Es ist so aufgebaut, dass die wesentlichen Elemente der "Statik" behandelt werden. Zu Beginn eines jeden Kapitels werden die für die Lösung der Aufgaben wichtigsten Formeln zusammengestellt und kurz erläutert. Dabei wird jeweils auf die entsprechenden Abschnitte der Bände der "Elemente der Mechanik" Bezug genommen, so dass ein genaueres Nacharbeiten erleichtert wird. Es folgen einige typische Beispiele von Aufgaben, die in aller Ausführlichkeit gelöst werden. Den Abschluss bilden dann in jedem Kapitel eine Reihe von Aufgaben, für die im Kapitel 10 die Lösungen in Kurzform angegeben werden. Die Mechanik ist ein Stoff, der durch reines Lesen nicht erlernbar ist. Es wird deshalb empfohlen – und der gewählte Aufbau der Kapitel soll die Studierenden in dieser Weise motivieren – die zusammengestellten Aufgaben entsprechend den Lösungen der Beispiele sorgfältig durchzuarbeiten.

Mein herzlicher Dank geht an dieser Stelle an meine Mitarbeiter Dipl.-Ing. H.-J. Becker, Dr.-Ing. A. Meyers, Dipl.-Ing. T. Nerzak, Dipl.-Ing. C. Oberste-Brandenburg, Dipl.-Ing. S. Weng und Dr.-Ing. P. Schieße, die mir bei der Abfassung des Textes und insbesondere bei der Erstellung der vielen Abbildungen behilflich waren.

Bochum, im Februar 1996 *Otto Bruhns*

Vorwort zur zweiten Auflage

Die starke Nachfrage nach den ersten beiden Bänden der Reihe "Aufgabensammlung Mechanik" hat eine Neuauflage dieser Bände erforderlich werden lassen. Die bewährte Form wurde dabei beibehalten – lediglich einige notwendige Korrekturen wurde durchgeführt. Mein besonderer Dank gilt in diesem Zusammenhang den vielen Studierenden, die die Bände fleißig durchgearbeitet und mich auf so manchen Fehler aufmerksam gemacht haben, der – trotz gründlicher Kontrolle – immer noch in der 1. Auflage enthalten war.

Bochum, im September 2000 *Otto Bruhns*

Inhaltsverzeichnis

1 Vektorrechnung

1.1 Allgemeines

Ein Großteil der in der Mechanik verwendeten physikalischen Größen lassen sich als vektorielle Größen behandeln, z.B.

$$\begin{aligned}
\mathbf{a} &= \mathbf{a}_x + \mathbf{a}_y + \mathbf{a}_z \\
&= a_x \mathbf{e}_x + a_y \mathbf{e}_y + a_z \mathbf{e}_z \stackrel{\wedge}{=} (a_x, a_y, a_z)
\end{aligned} \tag{1.1}$$

als Vektor $\mathbf{a}$ mit den Komponenten $\mathbf{a}_x, \mathbf{a}_y, \mathbf{a}_z$ bzw. den Maßzahlen a_x, a_y, a_z in einem kartesischen Bezugssystem mit den Basisvektoren $\mathbf{e}_x, \mathbf{e}_y, \mathbf{e}_z$. Dabei gilt für alle Basisvektoren $|\mathbf{e}_i| = 1$. Im übrigen wollen wir vereinbaren, dass bei der Angabe eines Vektors in der letzten Form $(1.1)_3$ stets eine kartesische Basis vorausgesetzt sei.

Für die Rechnung mit solchen Vektoren gelten die Regeln der Vektoralgebra. Wir verzichten hier auf eine vollständige Darstellung und beschränken uns auf die Regeln, die wir im weiteren benötigen werden. Neben der Regel zur Addition von Vektoren

$$\mathbf{a} + \mathbf{b} \stackrel{\wedge}{=} (a_x + b_x, a_y + b_y, a_z + b_z) \tag{1.2}$$

und zur Multiplikation mit einem Skalar λ

$$\lambda \mathbf{a} \stackrel{\wedge}{=} (\lambda a_x, \lambda a_y, \lambda a_z), \tag{1.3}$$

die beide bereits in (1.1) enthalten sind, sind dies die Regeln zur multiplikativen Verknüpfung von Vektoren. Wir merken noch an, dass mit (1.2) und (1.3) auch bereits die Differenz $\mathbf{a} - \mathbf{b}$ als Summe aus $\mathbf{a}$ und $-\mathbf{b}$ erklärt ist.

Skalarprodukt: Unter dem skalaren Produkt $\mathbf{a} \cdot \mathbf{b}$ der Vektoren $\mathbf{a}$ und $\mathbf{b}$ versteht man die Zahl

$$\mathbf{a} \cdot \mathbf{b} = {}_{\text{def}} |\mathbf{a}||\mathbf{b}| \cos \varphi, \quad 0 \leqslant \varphi \leqslant \pi, \tag{1.4}$$

wobei φ der von $\mathbf{a}$ und $\mathbf{b}$ eingeschlossene Winkel ist.

In kartesischen Koordinaten lässt sich die Zahl berechnen zu

$$\mathbf{a} \cdot \mathbf{b} = a_x b_x + a_y b_y + a_z b_z . \tag{1.5}$$

Anschaulich ist sie dabei mit den Längen b^* bzw. a^* der jeweiligen Projektionen des Vektors $\mathbf{a}$ auf den Vektor $\mathbf{b}$ bzw. des Vektors $\mathbf{b}$ auf den Vektor $\mathbf{a}$ verknüpft

$$\mathbf{a} \cdot \mathbf{b} = |\mathbf{a}|\, a^* = |\mathbf{b}|\, b^* \tag{1.6}$$

bzw.

$$a^* = \frac{\mathbf{a} \cdot \mathbf{b}}{|\mathbf{a}|} = \mathbf{e}_1 \cdot \mathbf{b}, \tag{1.7}$$

wenn $\mathbf{e}_1 = \dfrac{\mathbf{a}}{|\mathbf{a}|}$ die Richtung des Vektors $\mathbf{a}$ angibt. Entsprechendes gilt auch für b^*.

Das Skalarprodukt ist kommutativ, d.h. $\mathbf{a} \cdot \mathbf{b} = \mathbf{b} \cdot \mathbf{a}$. Aus (1.4) erhalten wir dann auch für den Betrag eines Vektors

$$\mathbf{a} \cdot \mathbf{a} =_{\text{def}} a^2 \quad \Rightarrow \quad a = |\mathbf{a}| = \sqrt{a_x^2 + a_y^2 + a_z^2} \tag{1.8}$$

Vektorprodukt: Unter dem Vektorprodukt $\mathbf{a} \times \mathbf{b}$ der Vektoren $\mathbf{a}$ und $\mathbf{b}$ versteht man einen Vektor $\mathbf{c}$ der Länge

$$|\mathbf{c}| = |\mathbf{a}||\mathbf{b}| \sin \varphi \, , \tag{1.9}$$

der auf $\mathbf{a}$ und $\mathbf{b}$ senkrecht steht, und zwar so, dass $\mathbf{a},\mathbf{b}$ und $\mathbf{c}$ ein Rechtssystem bilden.

In kartesischen Koordinaten erhalten wir für $\mathbf{c}$

$$\mathbf{c} = \mathbf{a} \times \mathbf{b} = \begin{vmatrix} \mathbf{e}_x & \mathbf{e}_y & \mathbf{e}_z \\ a_x & a_y & a_z \\ b_x & b_y & b_z \end{vmatrix} . \tag{1.10}$$

$|\mathbf{c}|$ gibt dabei den Flächeninhalt des von den Vektoren $\mathbf{a}$ und $\mathbf{b}$ aufgespannten Parallelogramms wieder.

Für das Vektorprodukt gilt

$$\mathbf{a} \times \mathbf{b} = -\mathbf{b} \times \mathbf{a} \tag{1.11}$$

und aus (1.9) folgt unmittelbar

$$\mathbf{a} \times \mathbf{a} = \mathbf{0} \, . \tag{1.12}$$

Spatprodukt: Das Spatprodukt $[\mathbf{a},\mathbf{b},\mathbf{c}] = (\mathbf{a} \times \mathbf{b}) \cdot \mathbf{c}$ liefert eine Zahl, deren Betrag gleich dem Volumen des von $\mathbf{a},\mathbf{b},\mathbf{c}$ aufgespannten Parallelepipeds ist

$$[\mathbf{a},\mathbf{b},\mathbf{c}] = (\mathbf{a} \times \mathbf{b}) \cdot \mathbf{c} = \begin{vmatrix} a_x & a_y & a_z \\ b_x & b_y & b_z \\ c_x & c_y & c_z \end{vmatrix} . \tag{1.13}$$

Bei einer Vertauschung von zwei Faktoren ändert $[\mathbf{a},\mathbf{b},\mathbf{c}]$ sein Vorzeichen, z.B.

$$[\mathbf{a},\mathbf{b},\mathbf{c}] = -[\mathbf{a},\mathbf{c},\mathbf{b}] = -[\mathbf{b},\mathbf{a},\mathbf{c}] \, , \tag{1.14}$$

eine zyklische Vertauschung ändert das Vorzeichen nicht

$$[\mathbf{a},\mathbf{b},\mathbf{c}] = [\mathbf{b},\mathbf{c},\mathbf{a}] = [\mathbf{c},\mathbf{a},\mathbf{b}] \, . \tag{1.15}$$

Entwicklungssatz: Das doppelte Vektorprodukt $\mathbf{a} \times (\mathbf{b} \times \mathbf{c})$ schließlich ist ein Vektor, der den Vektoren $\mathbf{b}$ und $\mathbf{c}$ komplanar ist, d.h. er liegt in der Ebene der beiden Vektoren $\mathbf{b}$ und $\mathbf{c}$. Es gilt

$$\mathbf{a} \times (\mathbf{b} \times \mathbf{c}) = \mathbf{b}(\mathbf{a} \cdot \mathbf{c}) - \mathbf{c}(\mathbf{a} \cdot \mathbf{b}) \, . \tag{1.16}$$

1.2 Beispiele

Aufgabe 1.1:

Gegeben seien die beiden Vektoren $a \stackrel{\wedge}{=} (3, 2, 2)$ und $b \stackrel{\wedge}{=} (-2, 4, 3)$. Bestimmen Sie die Summe $a + b$ sowie die Differenz $a - b$.

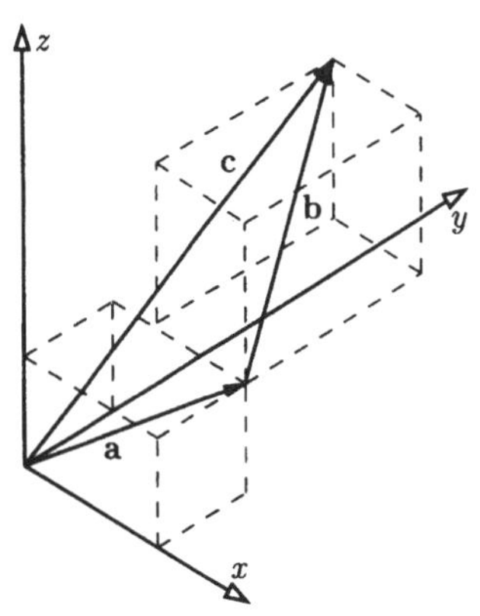

Lösung: Ausgehend von der Beziehung (1.2) erhalten wir

$$c = a + b$$
$$= (a_x + b_x)\,e_x + (a_y + b_y)\,e_y + (a_z + b_z)\,e_z$$
$$c = 1\,e_x + 6\,e_y + 5\,e_z$$
$$c \stackrel{\wedge}{=} (1, 6, 5)\,.$$

Auf entsprechende Weise erhalten wir bei Addition von $-b$

$$d = a - b$$
$$= (a_x - b_x)\,e_x + (a_y - b_y)\,e_y + (a_z - b_z)\,e_z$$
$$d = 5\,e_x - 2\,e_y - 1\,e_z$$
$$d \stackrel{\wedge}{=} (5, -2, -1)\,.$$

Aufgabe 1.2:

Bestimmen Sie den Betrag des Vektors $a \stackrel{\wedge}{=} (2, -1, 3)$ und geben Sie die Winkel an, die der Vektor a mit den Koordinatenachsen einschließt.

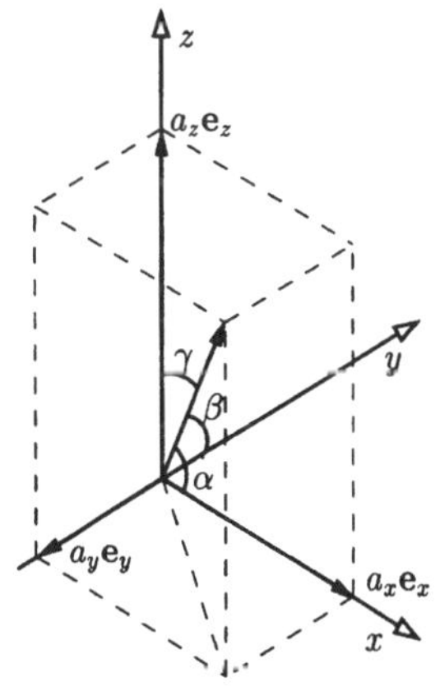

Lösung: Wir gehen aus von der Komponentendarstellung von a

$$a = a_x e_x + a_y e_y + a_z e_z$$
$$a = 2\,e_x - e_y + 3\,e_z\,.$$

Aus (1.11) folgt

$$a = |a| = \sqrt{a_x^2 + a_y^2 + a_z^2} = \sqrt{2^2 + 1^2 + 3^2} = \sqrt{14}\,.$$

Bilden wir nun der Reihe nach die Skalarprodukte von a mit e_x, e_y und e_z, so erhalten wir (1.4)

$$a_x = a\cos\alpha, \quad a_y = a\cos\beta, \quad a_x = a\cos\gamma,$$

$$\cos\alpha = \frac{a_x}{a} = \frac{2}{\sqrt{14}}\,, \quad \Rightarrow \quad \alpha = 57.69°,$$

$$\cos\beta = \frac{a_y}{a} = \frac{-1}{\sqrt{14}}\,, \quad \Rightarrow \quad \beta = 105.50°,$$

$$\cos\gamma = \frac{a_z}{a} = \frac{3}{\sqrt{14}}\,, \quad \Rightarrow \quad \gamma = 36.70°.$$

Aufgabe 1.3:

Berechnen Sie die Komponenten des Basisvektors e_a, der in Richtung des Vektors $\mathbf{a} \stackrel{\wedge}{=} (2,\,1,\,1)$ zeigt.

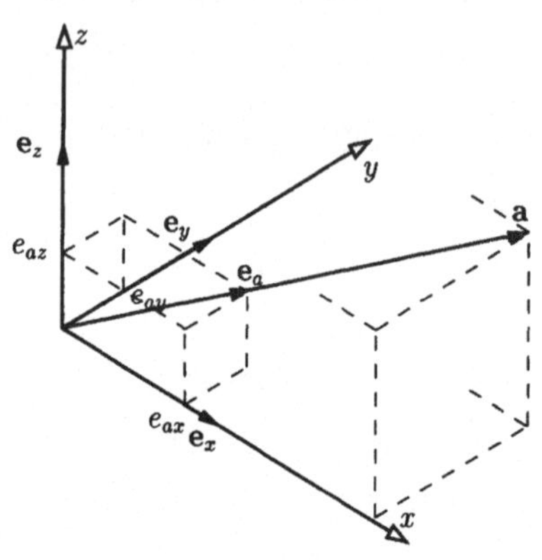

Lösung: Für den Vektor $\mathbf{a}$ gilt

$$\mathbf{a} = a_x \mathbf{e}_x + a_y \mathbf{e}_y + a_z \mathbf{e}_z = |\mathbf{a}| \mathbf{e}_a.$$

Dabei ist

$$|\mathbf{e}_a| = 1 \quad \text{und} \quad a = |\mathbf{a}| = \sqrt{6}.$$

Ausgehend von der Komponentendarstellung von $\mathbf{e}_a$

$$\mathbf{e}_a = e_{ax}\mathbf{e}_x + e_{ay}\mathbf{e}_y + e_{az}\mathbf{e}_z$$

erhalten wir so durch Koeffizientenvergleich

$$e_{ax} = \frac{a_x}{a}, \quad e_{ay} = \frac{a_y}{a}, \quad e_{az} = \frac{a_z}{a}$$

und damit

$$\mathbf{e}_a = \frac{2}{\sqrt{6}}\,\mathbf{e}_x + \frac{1}{\sqrt{6}}\,\mathbf{e}_y + \frac{1}{\sqrt{6}}\,\mathbf{e}_z\,.$$

Aufgabe 1.4:

Bestimmen Sie den Abstand der Endpunkte der beiden Vektoren $\mathbf{a} \stackrel{\wedge}{=} (4,\,3,\,-2)$ und $\mathbf{b} \stackrel{\wedge}{=} (2,\,-4,\,1)$.

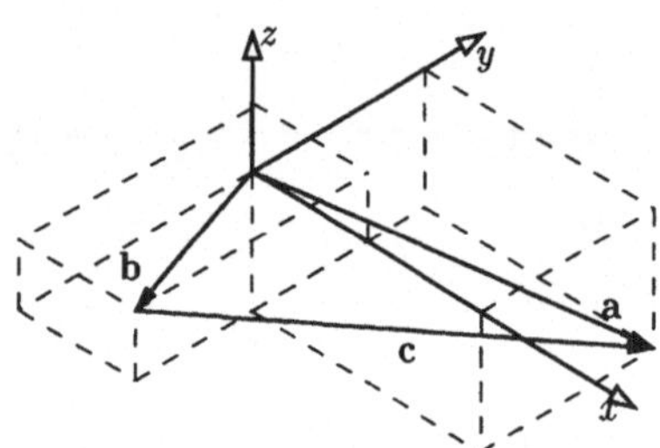

Lösung: Der Differenzvektor

$$\mathbf{c} = \mathbf{a} - \mathbf{b}$$

markiert die Endpunkte der beiden Vektoren $\mathbf{a}$ bzw. $\mathbf{b}$. Daraus folgt

$$\mathbf{c} \stackrel{\wedge}{=} (2,\,7,\,-3)$$
$$c = |\mathbf{c}| = \sqrt{4 + 49 + 9} = \sqrt{62} = 7{,}9.$$

Aufgabe 1.5:

Zerlegen Sie den Vektor $\mathbf{r} \stackrel{\wedge}{=} (3,\,4,\,2)$ in die durch die drei Basisvektoren $\mathbf{e}_a \stackrel{\wedge}{=} (\tfrac{2}{3},\,-\tfrac{2}{3},\,\tfrac{1}{3})$, $\mathbf{e}_b \stackrel{\wedge}{=} (-\tfrac{2}{3},\,\tfrac{1}{3},\,\tfrac{2}{3})$ und $\mathbf{e}_c \stackrel{\wedge}{=} (\tfrac{1}{3},\,\tfrac{2}{3},\,\tfrac{2}{3})$ vorgegebenen Richtungen.

Lösung: Für den Vektor $\mathbf{r}$ gelten die beiden Komponentendarstellungen

$$\mathbf{r} = \mathbf{r}_x + \mathbf{r}_y + \mathbf{r}_z = r_x\mathbf{e}_x + r_y\mathbf{e}_y + r_z\mathbf{e}_z$$

$$\mathbf{r} = \mathbf{r}_a + \mathbf{r}_b + \mathbf{r}_c = r_a\mathbf{e}_a + r_b\mathbf{e}_b + r_c\mathbf{e}_c$$

mit den Basisvektoren

$$\mathbf{e}_a = \tfrac{2}{3}\,\mathbf{e}_x - \tfrac{2}{3}\,\mathbf{e}_y + \tfrac{1}{3}\,\mathbf{e}_z$$

$$\mathbf{e}_b = -\tfrac{2}{3}\,\mathbf{e}_x + \tfrac{1}{3}\,\mathbf{e}_y + \tfrac{2}{3}\,\mathbf{e}_z$$

$$\mathbf{e}_c = \tfrac{1}{3}\,\mathbf{e}_x + \tfrac{2}{3}\,\mathbf{e}_y + \tfrac{2}{3}\,\mathbf{e}_z\,.$$

Zur Lösung werden die Beziehungen für die Basisvektoren von $\mathbf{e}_a$, $\mathbf{e}_b$ und $\mathbf{e}_c$ in die zweite Gleichung für $\mathbf{r}$ eingesetzt.

$$\mathbf{r} = r_a(\tfrac{2}{3}\,\mathbf{e}_x - \tfrac{2}{3}\,\mathbf{e}_y + \tfrac{1}{3}\,\mathbf{e}_z) + r_b(-\tfrac{2}{3}\,\mathbf{e}_x + \tfrac{1}{3}\,\mathbf{e}_y + \tfrac{2}{3}\,\mathbf{e}_z) + r_c(\tfrac{1}{3}\,\mathbf{e}_x + \tfrac{2}{3}\,\mathbf{e}_y + \tfrac{2}{3}\,\mathbf{e}_z)$$

$$\mathbf{r} = (\tfrac{2}{3}\,r_a - \tfrac{2}{3}\,r_b + \tfrac{1}{3}\,r_c)\mathbf{e}_x + (-\tfrac{2}{3}\,r_a + \tfrac{1}{3}\,r_b + \tfrac{2}{3}\,r_c)\mathbf{e}_y + (\tfrac{1}{3}\,r_a + \tfrac{2}{3}\,r_b + \tfrac{2}{3}\,r_c)\mathbf{e}_z\,.$$

Durch Koeffizientenvergleich mit der ersten Gleichung für $\mathbf{r}$ erhalten wir dann das folgende Gleichungssystem für die Maßzahlen r_a, r_b und r_c aus dem sich diese berechnen lassen

$$\left.\begin{array}{r}\tfrac{2}{3}\,r_a - \tfrac{2}{3}\,r_b + \tfrac{1}{3}\,r_c = 3 \\[4pt] -\tfrac{2}{3}\,r_a + \tfrac{1}{3}\,r_b + \tfrac{2}{3}\,r_c = 4 \\[4pt] \tfrac{1}{3}\,r_a + \tfrac{2}{3}\,r_b + \tfrac{2}{3}\,r_c = 2\end{array}\right\} \quad \Rightarrow \quad \begin{array}{l} r_a = -\tfrac{8}{7} \\[4pt] r_b = -\tfrac{18}{7} \\[4pt] r_c = \tfrac{43}{7}\,. \end{array}$$

Aufgabe 1.6:

Ein Vektor $\mathbf{a}$ hat in einem ebenen kartesischen Koordinatensystem die Maßzahlen $a_x = 4$ und $a_y = 3$. Bestimmen Sie zeichnerisch und rechnerisch die Komponenten und Projektionen in einem schiefwinkligen Koordinatensystem, welches mit dem kartesischen die Winkel α und β einschließt.

Gegeben: $\alpha = 20°$, $\beta = 30°$

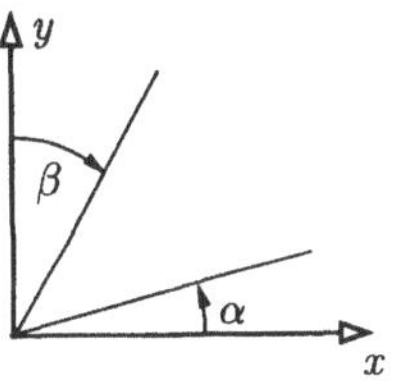

Lösung:

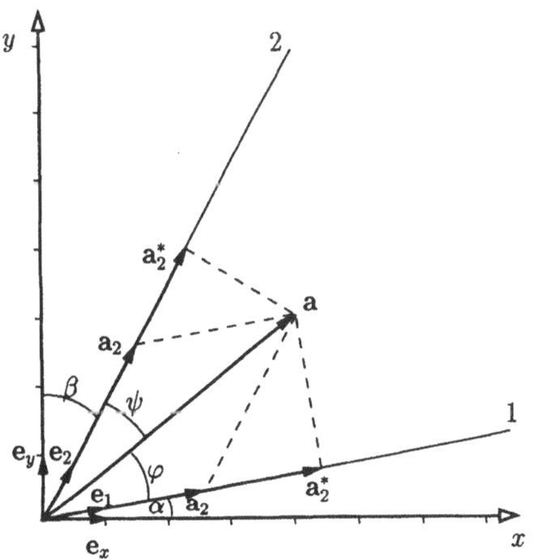

i) Graphische Lösung

Wir führen einen Maßstab zur Darstellung der Maßzahlen ein, konstruieren die Projektionen und Komponenten von a auf die beiden Richtungen 1 und 2 und lesen aus der Skizze ab:

1. Maßzahlen der Komponenten

$$|\mathbf{a}_1| = a_1 = 3.1$$

$$|\mathbf{a}_2| = a_2 = 2.3.$$

2. Maßzahlen der Projektionen

$$|\mathbf{a}_1^*| = a_1^* = 4.8$$

$$|\mathbf{a}_2^*| = a_2^* = 4.6.$$

ii) Analytische Lösung:

Für die Maßzahlen der Komponenten gelten die beiden Darstellungen

$$\mathbf{a} = a_x \mathbf{e}_x + a_y \mathbf{e}_y$$

$$\mathbf{a} = a_1 \mathbf{e}_1 + a_2 \mathbf{e}_2$$

mit den Zusammenhängen

$$\mathbf{e}_1 = e_{1x}\mathbf{e}_x + e_{1y}\mathbf{e}_y = \cos\alpha\,\mathbf{e}_x + \sin\alpha\,\mathbf{e}_y$$

$$\mathbf{e}_2 = e_{2x}\mathbf{e}_x + e_{2y}\mathbf{e}_y = \sin\beta\,\mathbf{e}_x + \cos\beta\,\mathbf{e}_y\,.$$

Setzen wir dies in die zweite Beziehung für **a** ein, so erhalten wir

$$\mathbf{a} = (a_1\cos\alpha + a_2\sin\beta)\mathbf{e}_x + (a_1\sin\alpha + a_2\cos\beta)\mathbf{e}_y = a_x\,\mathbf{e}_x + a_y\,\mathbf{e}_y\,.$$

Der Koeffizientenvergleich liefert

$$a_1\cos\alpha + a_2\sin\beta = 4$$

$$a_1\sin\alpha + a_2\cos\beta = 3.$$

Mit den gegebenen Zahlenwerten erhalten wir daraus für die Komponenten

$$a_1 = 3.06, \qquad a_2 = 2.26.$$

Ausgehend von den Gleichungen (1.7) bzw. (1.4) liefert das skalare Produkt die Maßzahlen der Projektionen

$$a_1^* = \mathbf{a}\cdot\mathbf{e}_1 = |\mathbf{a}||\mathbf{e}_1|\cos\varphi,$$

$$a_2^* = \mathbf{a}\cdot\mathbf{e}_2 = |\mathbf{a}||\mathbf{e}_2|\cos\psi\,.$$

Mit den Zahlenwerten

$$|\mathbf{a}| = \sqrt{a_x^2 + a_y^2} = 5$$

$$\tan(\alpha+\varphi) = \frac{3}{4} \quad \Rightarrow \quad (\alpha+\varphi) = 36{,}9° \quad \Rightarrow \quad \varphi = 16.9°$$

$$\psi = 90° - \beta - (\alpha+\varphi) = 23.1°$$

erhalten wir schließlich

$$a_1^* = 5\cdot 0.957 = 4.78, \quad a_2^* = 5\cdot 0.920 = 4.60.$$

1.3 Aufgaben

Aufgabe 1.7:
Durch die Endpunkte der beiden Vektoren $\mathbf{a} \triangleq (-2, -2, 4)$ und $\mathbf{b} \triangleq (3, 4, 2)$ lässt sich eine Gerade legen. Wie muss ein Vektor $\mathbf{r} \triangleq (r_x(\lambda), r_y(\lambda), r_z(\lambda))$ als Funktion eines Parameters λ beschaffen sein, damit jeder Punkt dieser Geraden Endpunkt von $\mathbf{r}$ sein kann?

Aufgabe 1.8:
Der Vektor $\mathbf{a} \triangleq (2, k, 1)$ ist so zu bestimmen, dass er senkrecht auf dem Vektor $\mathbf{b} \triangleq (4, -2, -2)$ steht.

Aufgabe 1.9:
Bestimmen Sie die Größe des Winkels zwischen den beiden Vektoren $\mathbf{a} \triangleq (3, 2, 0)$ und $\mathbf{b} \triangleq (2, 4, 0)$.

Aufgabe 1.10:
Bestimmen Sie den auf den beiden Vektoren $\mathbf{a}$ und $\mathbf{b}$ senkrecht stehenden Vektor mit dem Betrag $|\mathbf{c}|$.
Gegeben: $|\mathbf{c}| = 2$; $\mathbf{a} \triangleq (2, 4, -2)$; $\mathbf{b} \triangleq (2, 2, 4)$

Aufgabe 1.11:
Gegeben ist die Projektion $\mathbf{a}^*$ eines Vektors $\mathbf{a}$ auf die Richtung $\mathbf{e}_1$, die Maßzahl a_z sowie der Winkel β zwischen $\mathbf{a}$ und der y-Achse. Bestimmen Sie den Winkel φ zwischen $\mathbf{a}^*$ und $\mathbf{a}$.
Gegeben: $\mathbf{a}^* \triangleq (\frac{3}{2}, \frac{3}{2}, 0)$, $a_z = 2$, $\beta = \arccos \frac{1}{3}$

2 Zentrale Kräftesysteme

2.1 Allgemeines

Zentrale Kräftesysteme – oder allgemeiner zentrale Systeme vektorieller Größen – sind dadurch gekennzeichnet, dass sich die Wirkungslinien aller Kräfte bzw. Vektoren in einem Punkt schneiden. Aufbauend auf dem 1. Äquivalenzsatz für Kräfte (Satz vom Kräfteparallelogramm, siehe Band I, Satz 3.1) lassen sich alle an einem Punkt angreifenden Kräfte zu einer resultierenden Kraft, der Resultierenden $\mathbf{F}$, zusammenfassen

$$\mathbf{F} = \sum_i \mathbf{F}_i \tag{2.1}$$

(Band I, Satz 3.2).

Verschwindet diese Resultierende

$$\boxed{\sum_i \mathbf{F}_i = 0} \;, \tag{2.2}$$

sprechen wir von einem Gleichgewichtssystem (Band I, Satz 3.4). Im Rahmen der Statik gehen wir davon aus, dass sich alle Körper – unter dem Einfluss der auf sie einwirkenden Kräftesysteme – in Ruhe befinden. Nach dem Beharrungsgesetz (Band I, Satz 3.5) kommt damit der Gleichgewichtsbedingung (2.2) für zentrale Kräftesysteme eine besondere Bedeutung zu.

Im Fall ebener zentraler Kräftesysteme lassen sich – ausgehend vom Satz vom Kräfteparallelogramm – auch graphische Lösungsmethoden zur Reduktion eines Kräftesystems, zur Zerlegung einer Kraft nach vorgegebenen Richtungen (Band I, Satz 3.7) und zur Gleichgewichtsbildung (Band I, Satz 3.6) angeben (siehe Band I, Abschnitt 3.2.1).

Die analytischen Lösungsmethoden können wir etwas allgemeiner formulieren. Sie laufen i.w. darauf hinaus, die Resultierende $\mathbf{F}$ (2.1) in Komponenten in einem kartesischen (Band I, Sätze 3.8 bzw. 3.13) oder in einem schiefwinkligen (Band I, Sätze 3.9 bzw. 3.14) Bezugssystem darzustellen.

Als Gleichgewichtsbedingungen gelten dann auf der Basis von (2.2) die entsprechenden Beziehungen für die Maßzahlen der Komponenten bezogen auf eine orthonormale oder schiefwinklige Basis (Band I, Sätze 3.11 bzw. 3.16) bzw. der Projektionen auf voneinander unabhängige Richtungen (Band I, Sätze 3.12 bzw. 3.17). Für ein kartesisches Bezugssystem, in dem Komponenten und Projektionen zusammenfallen, erhalten wir z.B.

$$\boxed{\begin{aligned} \sum_i F_{ix} &= 0 \\ \sum_i F_{iy} &= 0 \\ \sum_i F_{iz} &= 0 \,. \end{aligned}} \tag{2.3}$$

Für ebene Probleme entfällt hierin die dritte Gleichung.

Hierzu schließlich noch eine Anmerkung: In den Bänden der „Elemente der Mechanik" wie auch im vorliegenden Band werden die Komponenten bzw. Projektionen eines Vektors ebenfalls als Vektoren eingeführt. In den Gleichgewichtsbedingungen (2.3) werden deshalb auch nicht Komponenten (bzw. Projektionen) zusammengefasst, sondern deren skalare Maßzahlen – ohne die entsprechenden Basisvektoren. In der Praxis wird diese Unterscheidung häufig nicht gemacht. Da wir den Unterschied kennen, sollte uns dies im weiteren auch nicht irritieren.

2.2 Beispiele

Aufgabe 2.1:
Die Kräfte $\mathbf{F}_1$ und $\mathbf{F}_2$ bilden ein ebenes, zentrales Kräftesystem. Bestimmen Sie zeichnerisch und rechnerisch den Betrag und die Richtung (Winkel mit der x-Achse) der Resultierenden $\mathbf{F}$. Alle Maßzahlen sind in kN angegeben; für die zeichnerische Lösung wähle man: $1\,\text{cm} \triangleq 1\,\text{kN}$.
Gegeben: $\mathbf{F}_1 \triangleq (2, 4)$; $\mathbf{F}_2 \triangleq (3, 3)$

Lösung: Nach Gleichung (2.1) erhalten wir die Resultierende $\mathbf{F}$ als Summe aus den gegebenen Kräften $\mathbf{F}_1$ und $\mathbf{F}_2$. Der Anschauung halber soll $\mathbf{F}$ zunächst graphisch ermittelt werden:

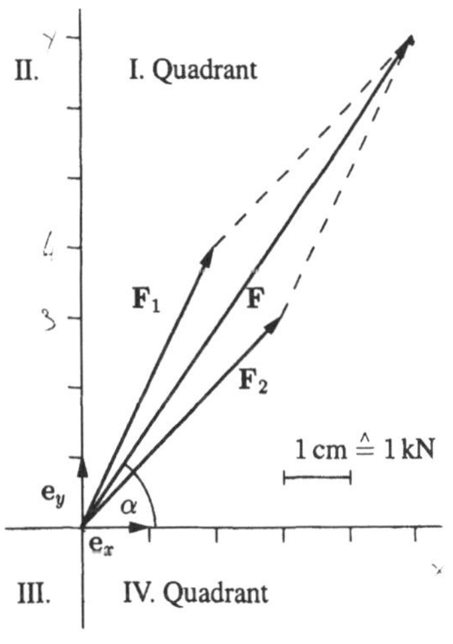

i) Graphische Lösung:

Wird der Betrag der Basisvektoren auf 1 kN skaliert, d.h. $|\mathbf{e}_x| = |\mathbf{e}_y| = 1\,\text{kN}$, lassen sich die Kräfte wie folgt angeben

$$\mathbf{F}_1 = 2\,\mathbf{e}_x + 4\,\mathbf{e}_y \triangleq (2, 4)$$

$$\mathbf{F}_2 = 3\,\mathbf{e}_x + 3\,\mathbf{e}_y \triangleq (3, 3)\,.$$

Die Vektoren werden in das Koordinatenkreuz eingezeichnet und mit Hilfe des Satzes vom Kräfteparallelogramm konstruieren wir die Resultierende $\mathbf{F}$. Aus diesem Kräfteparallelogramm lesen wir dann ab

$$|\mathbf{F}| = F = 8{,}6\,\text{kN}, \quad \alpha = 54°\,.$$

ii) Analytische Lösung:

Die Kräfte $\mathbf{F}_1$ und $\mathbf{F}_2$ werden vektoriell addiert zur Resultierenden $\mathbf{F}$

$$\mathbf{F} = \mathbf{F}_1 + \mathbf{F}_2 = 2\mathbf{e}_x + 4\mathbf{e}_y + 3\mathbf{e}_x + 3\mathbf{e}_y = 5\mathbf{e}_x + 7\mathbf{e}_y \triangleq (5, 7)\,[\text{kN}].$$

Den Betrag $|\mathbf{F}|$ von $\mathbf{F}$ erhalten wir mit Hilfe des Skalarprodukts aus (1.8)

$$|\mathbf{F}| = \sqrt{(5, 7) \cdot (5, 7)} = \sqrt{5 \cdot 5 + 7 \cdot 7} = \sqrt{74} = 8{,}60\,[\text{kN}].$$

Der Winkel α zählt positiv von der positiven x-Achse entgegen dem Uhrzeigersinn und lässt sich aus dem Verhältnis der y-Komponente zur x-Komponente von $|\mathbf{F}|$ angeben

$$\tan\alpha = \frac{F_y}{F_x} = \frac{7}{5} \ .$$

Um hieraus eine eindeutige Aussage über α machen zu können, ist neben dem Vorzeichen des Quotienten auch das Vorzeichen des Nenners zu berücksichtigen (Band I, Abschnitt 3.2.2). Bei negativem Vorzeichen des Nenners befinden wir uns im II. Quadranten (Zähler positiv) bzw. im III. Quadranten (Zähler negativ) und müssen das Ergebnis um 180° ergänzen. Die vorliegende Resultierende liegt im I. Quadranten, so dass sich der gesuchte Winkel unmittelbar angeben lässt,

$$\alpha = 54° \ .$$

Aufgabe 2.2:

Gegeben sind die Kräfte $\mathbf{F}_1$ bis $\mathbf{F}_4$ eines ebenen, zentralen Kräftesystems. Gesucht ist die Kraft $\mathbf{P}$ (Betrag und Richtung), die mit diesen Kräften ein Gleichgewichtssystem bildet. Man ermittle die Lösung zeichnerisch und rechnerisch. Alle Maßzahlen sind in kN angegeben, als Kräftemaßstab für die zeichnerische Lösung wähle man: $\beta_F = \frac{1\,\text{cm}}{1\,\text{kN}}$

Gegeben: $\mathbf{F}_1 \triangleq (0,4)\,; \quad \mathbf{F}_2 \triangleq (3,-2)\,; \quad \mathbf{F}_3 \triangleq (2,4)\,; \quad \mathbf{F}_4 \triangleq (-2,-3)$

Lösung: Die Bedingung für ein Gleichgewichtssystem lautet (2.2)

$$\mathbf{F} = \sum_{i=1}^{4} \mathbf{F}_i + \mathbf{P} = \mathbf{0} \ .$$

Die vier gegebenen Kräfte können wir nach Gleichung (2.1) zu einer Resultierenden $\mathbf{F}_{1,4}$ zusammenfassen und erhalten so

$$\mathbf{P} = -\sum_{i=1}^{4} \mathbf{F}_i = -\mathbf{F}_{1,4} \,,$$

d.h. die gesuchte Kraft $\mathbf{P}$, die mit den gegebenen Kräften ein Gleichgewichtssystem bildet, ist gleich groß wie die Resultierende aus diesen Kräften, aber entgegengesetzt gerichtet. $\mathbf{P}$ kann sowohl graphisch als auch analytisch bestimmt werden.

i) Graphische Lösung:

Der Übersichtlichkeit halber empfiehlt es sich bei mehreren Kräften, sie zur Festlegung ihrer Lage in einen Lageplan einzuzeichnen und die zeichnerische Addition der Kräfte in einem gesonderten Kräfteplan vorzunehmen. Die Richtungen der Kräfte werden dabei durch Parallelverschiebung aus dem Lageplan gewonnen.

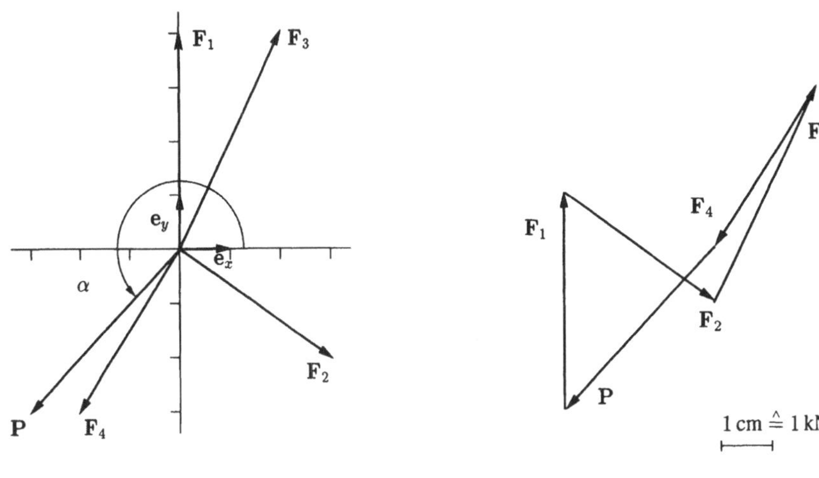

Lageplan   Kräfteplan

Wird die Spitze von $\mathbf{F}_4$ mit dem Angriffspunkt von $\mathbf{F}_1$ verbunden, so schließt sich das Krafteck und die Bedingung $\mathbf{F} = 0$ ist erfüllt (Band I, Satz 3.6). Dieser Vektor stellt dann die gesuchte Kraft $\mathbf{P}$ dar und ist offensichtlich entgegengesetzt zur Resultierenden $\mathbf{F}_{1,4}$ gerichtet, die vom Angriffspunkt von $\mathbf{F}_1$ zur Spitze von $\mathbf{F}_4$ weist.

Die Richtung von $\mathbf{P}$ wird in den Lageplan übernommen, um dort den Winkel α ablesen zu können. Wir erhalten

$$|\mathbf{P}| = 4{,}3\,\text{kN}, \quad \alpha = 225° .$$

ii) Analytische Lösung:

Die Resultierende $\mathbf{F}_{1,4}$ berechnen wir nach Gleichung (2.1), indem wir die einzelnen Kräfte komponentenweise addieren

$$\mathbf{F}_{1,4} \stackrel{\wedge}{=} (0 + 3 + 2 - 2,\ 4 - 2 + 4 - 3) = (3,\ 3)\ [\text{kN}].$$

Die gesuchte Kraft $\mathbf{P}$ erhalten wir dann entsprechend Gleichung (2.2) zu

$$\mathbf{P} \stackrel{\wedge}{=} (-3,\ -3)\ [\text{kN}],$$

mit dem Betrag (1.8)

$$|\mathbf{P}| = 4{,}24\,\text{kN} .$$

Für die Richtung erhalten wir

$$\alpha - \arctan \frac{P_y}{P_x} \ (+180°) \quad \Rightarrow \quad \alpha = \arctan \frac{-3}{-3} + 180° = 225° .$$

Die Vorzeichen von Zähler und Nenner lassen erkennen, dass wir uns im III. Quadranten befinden.

Aufgabe 2.3:

Zerlegen Sie die Kraft **F** zeichnerisch in die vorgegebenen, in der Ebene von **F** liegenden Richtungen. In welchen Fällen gibt es keine eindeutigen Lösungen?

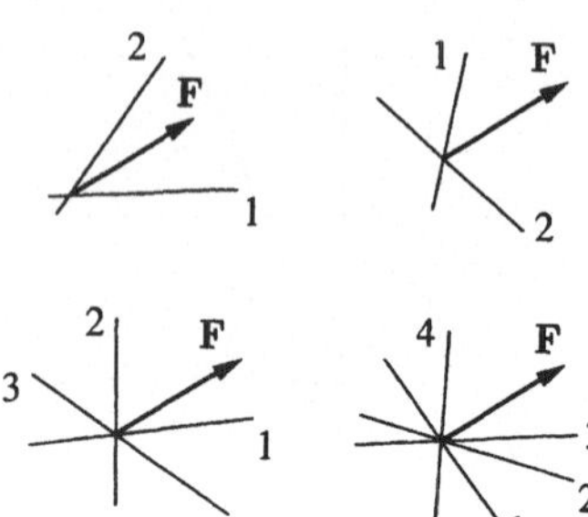

Lösung:

a)

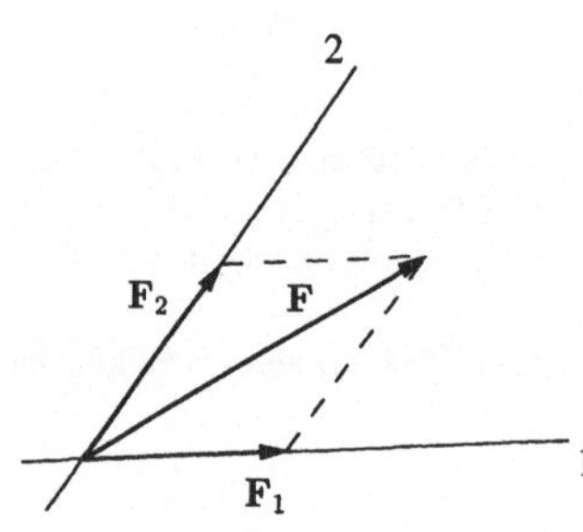

b)

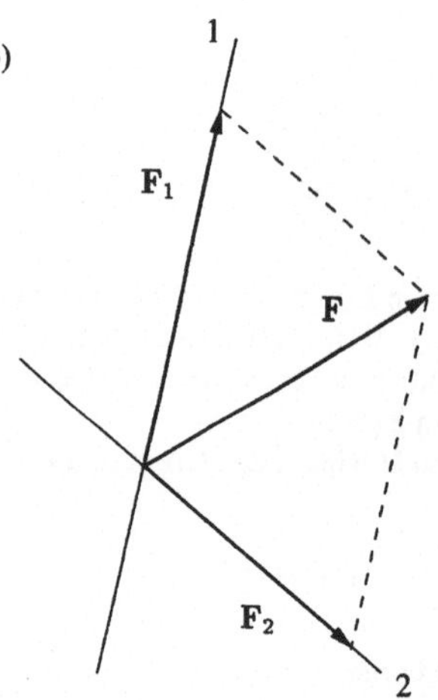

c) 1 Komponente frei wählbar !

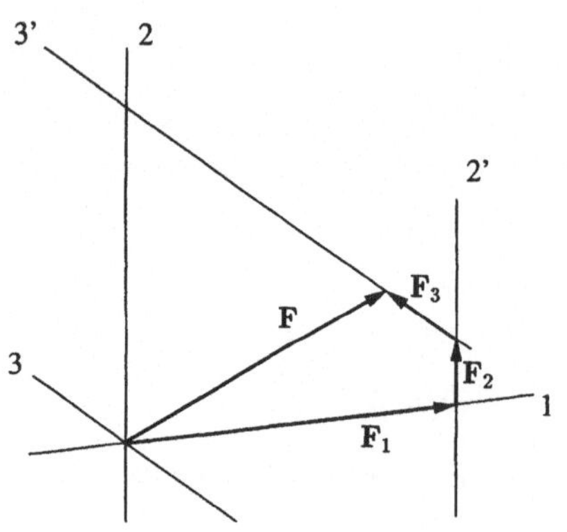

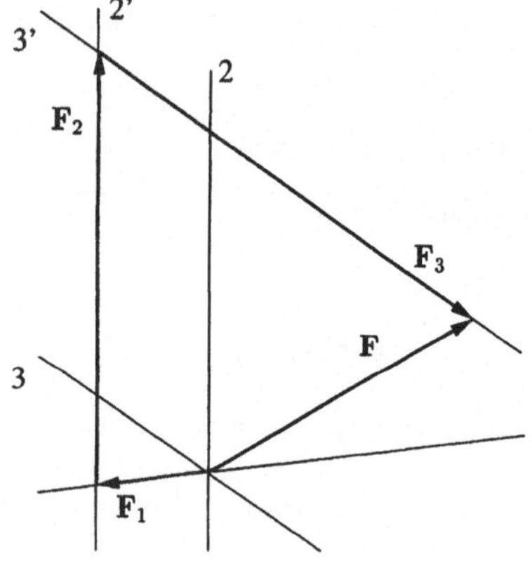

d) 2 Komponenten frei wählbar !

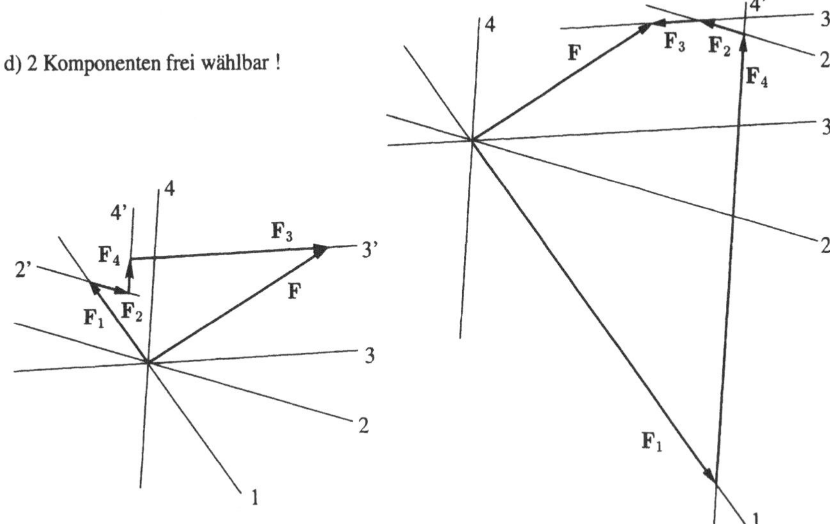

In den Fällen c) und d) lassen sich keine eindeutigen Lösungen mehr angeben. Zur Veranschaulichung wurde in beiden Fällen die Komponente F_1 frei gewählt. Es zeigt sich, dass auch bei alternativer Wahl von F_1 Zerlegungen möglich sind – allerdings mit abweichendem Resultat.

Aufgabe 2.4:

Das nebenstehende System besteht aus Seilen, einer Seilrolle und Gewichten. Wie groß sind α und die Kraft im Seil 1, wenn sich das System im Gleichgewicht befinden soll?

Gegeben: $G_1 = 10\,\text{kN}$; $G_2 = 8\,\text{kN}$; $\delta = 45°$

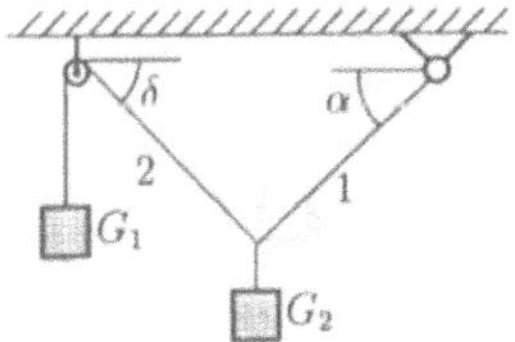

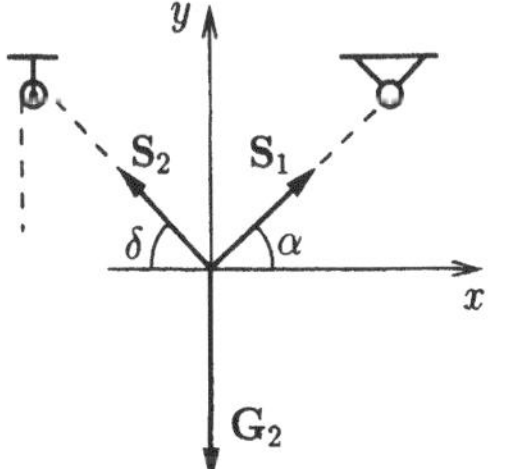

Lösung: Die Rolle bewirkt lediglich eine Umlenkung der Gewichtskraft G_2. Schneiden wir den Knoten frei, so lässt sich das nebenstehende zentrale Kräftesystem mit den bekannten Größen G_1, $S_2 = G_2$ und δ sowie den gesuchten Größen α und S_1 konstruieren.

i) Analytische Lösung:

Die Gleichgewichtsbedingung lautet, vgl. Gleichung (2.2)

$$G_2 + S_2 + S_1 = 0\,.$$

Bei ebenen Systemen und einem kartesischen Bezugssystem führt dies entsprechend (2.3) auf

$$\sum_i F_{ix} = 0 = -G_2 \cos\delta + S_1 \cos\alpha \qquad \Rightarrow S_1 \cos\alpha = G_2 \cos\delta \tag{1}$$

$$\sum_i F_{iy} = 0 = -G_1 + G_2 \sin\delta + S_1 \sin\alpha \quad \Rightarrow S_1 \sin\alpha = G_1 - G_2 \sin\delta \tag{2}$$

Durch Quadrieren und Addieren folgt daraus

$$S_1 = \sqrt{G_1{}^2 + G_2{}^2 - 2G_1 G_2 \sin\delta} = 7{,}13\ \text{kN}\,.$$

Schließlich liefert Gleichung (2) geteilt durch (1)

$$\tan\alpha = \frac{G_1 - G_2 \sin\delta}{G_2 \cos\delta} \quad \Rightarrow \quad \alpha = 37{,}5°\,.$$

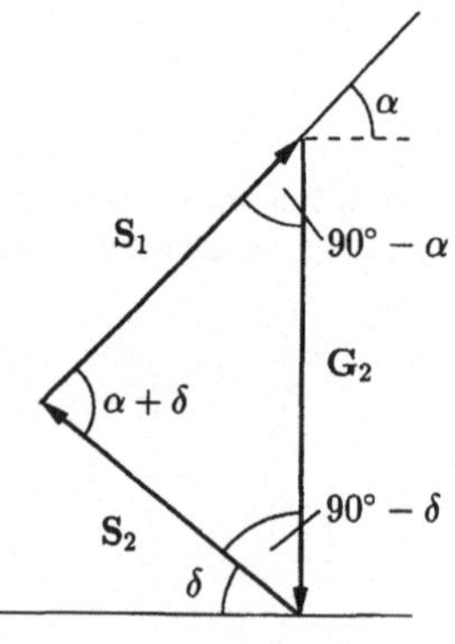

ii) Graphische Lösung:

Im Gleichgewicht bilden die Kräfte G_1, S_2 und S_1 ein geschlossenes Krafteck (Band I, Satz 3.6). Mit Hilfe des Kosinussatzes lässt sich dann S_1 berechnen:

$$S_1 = \sqrt{S_2{}^2 + G_1{}^2 - 2S_2 G_1 \cos(90° - \delta)}$$

$$= \sqrt{G_1{}^2 + G_2{}^2 - 2G_1 G_2 \sin\delta}$$

$$= 7{,}13\ \text{kN}\,.$$

Der Sinussatz liefert uns den gesuchten Winkel α

$$\frac{S_2}{\sin(90° - \alpha)} = \frac{S_1}{\sin(90° - \delta)}$$

$$\Rightarrow \quad \frac{G_2}{\cos\alpha} = \frac{S_1}{\cos\delta} \quad \Rightarrow \quad \cos\alpha = \frac{G_2}{S_1}\cos\delta \quad \Rightarrow \quad \alpha = 37{,}5°\,.$$

Aufgabe 2.5:

Welche Kraft F ist nötig, um die auf der schiefen Ebene liegende Walze vom Gewicht $G =$ im Gleichgewicht zu halten und wie groß ist dann die Normalkraft $N =$? Unter welchem Winkel β nimmt $|F|$ einen minimalen Wert an?

Gegeben: $\alpha = 30°$, $\beta = 20°$, $G = 50\ \text{kN}$

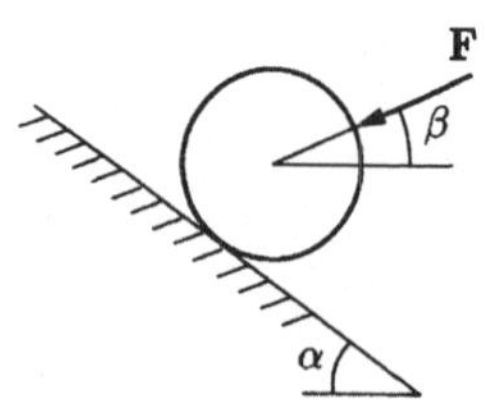

Lösung: Damit Gleichgewicht herrscht, müssen die gesuchten Kräfte **N** und **F** sowie die gegebene Kraft **G** ein geschlossenes Krafteck bilden. Mit Hilfe des Sinussatzes lassen sich $F = |\mathbf{F}|$ und $N = |\mathbf{N}|$ berechnen

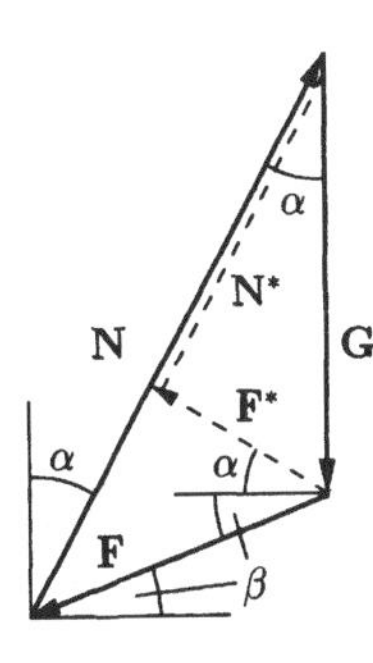

$$\frac{G}{\sin(90° - \alpha - \beta)} = \frac{F}{\sin\alpha},$$

Auflösen nach F liefert

$$F = \frac{\sin\alpha}{\sin(90° - \alpha - \beta)} \cdot G = 38{,}82 \text{ kN}.$$

Für N ergibt sich

$$N = \frac{\sin(90° + \beta)}{\sin(90° - \alpha - \beta)} \cdot G = 73{,}0 \text{ kN}.$$

Die notwendige Bedingung für die minimal aufzubringende Kraft F als Funktion von β lautet

$$\frac{\mathrm{d}F}{\mathrm{d}\beta} = 0 = \frac{\sin\alpha \cdot \cos(90° - \alpha - \beta)}{\sin^2(90° - \alpha - \beta)} \cdot G \quad \Rightarrow \quad \beta^* = -\alpha,$$

d.h. die Kraft F wird minimal, wenn sie entgegen der Hangabtriebskraft (Komponente von **G** parallel zur schiefen Ebene) wirkt. Für $\beta^* = -\alpha$ reduzieren sich die gesuchten Kräfte auf

$$F^* = F(\beta^*) = G\sin\alpha,$$

$$N^* = N(\beta^*) = G\cos\alpha.$$

Aufgabe 2.6:

Zu der Kraft $\mathbf{F}_1 \mathrel{\hat{=}} (6,\, 1,\, 1)$ soll ein k-faches der Kraft $\mathbf{F}_2 \mathrel{\hat{=}} (0,\, 3,\, -1)$ derart addiert werden, dass die Resultierende **F** auf $\mathbf{F}_3 \mathrel{\hat{=}} (-2,\, 3,\, 5)$ senkrecht steht. Bestimmen Sie den Faktor k. Bestimmen Sie ferner die Winkel die die Kraft $\mathbf{F}_2$ mit der x-Achse, der z-Achse und der Kraft $\mathbf{F}_1$ einschließt?

Lösung: Mit Hilfe der Definition des Skalarprodukts (1.4) lässt sich der Winkel α berechnen, den zwei Vektoren miteinander einschließen. Die Bedingung dafür, dass die resultierende Kraft

$$\mathbf{F} = \mathbf{F}_1 + k\mathbf{F}_2$$

senkrecht auf der Kraft $\mathbf{F}_3$ steht, lautet folglich

$$\mathbf{F} \cdot \mathbf{F}_3 = 0$$

bzw.

$$(\mathbf{F}_1 + k\mathbf{F}_2) \cdot \mathbf{F}_3 = 0.$$

Damit erhalten wir für den Faktor k

$$k = \frac{-\mathbf{F}_1 \cdot \mathbf{F}_3}{\mathbf{F}_2 \cdot \mathbf{F}_3} = \frac{-(-12 + 3 + 5)}{(9 - 5)} = \frac{4}{4} = 1.$$

Die drei gesuchten Winkel erhalten wir ganz entsprechend aus (1.4)

$$\cos \alpha_{2x} = \frac{\mathbf{F}_2 \cdot \mathbf{e}_x}{|\mathbf{F}_2||\mathbf{e}_x|} = \frac{(0,\,3,\,-1) \cdot (1,\,0,\,0)}{\sqrt{10} \cdot 1} = \frac{0}{\sqrt{10}} \qquad \Rightarrow \alpha_{2x} = \ 90° \,,$$

$$\cos \alpha_{2z} = \frac{\mathbf{F}_2 \cdot \mathbf{e}_z}{|\mathbf{F}_2||\mathbf{e}_z|} = \frac{(0,\,3,\,-1) \cdot (0,\,0,\,1)}{\sqrt{10} \cdot 1} = \frac{-1}{\sqrt{10}} \qquad \Rightarrow \alpha_{2z} = 108{,}4° \,,$$

$$\cos \alpha_{21} = \frac{\mathbf{F}_2 \cdot \mathbf{F}_1}{|\mathbf{F}_2||\mathbf{F}_1|} = \frac{(0,\,3,\,-1) \cdot (6,\,1,\,1)}{\sqrt{10} \cdot \sqrt{38}} = \frac{2}{\sqrt{10} \cdot \sqrt{38}} \qquad \Rightarrow \alpha_{21} = \ 84{,}1° \,.$$

Aufgabe 2.7:

Der skizzierte Dreibock wird durch eine vertikale Last $F = 5$ MN belastet. Bestimmen Sie die
Stabkräfte in den Stäben 1,2 und 3.

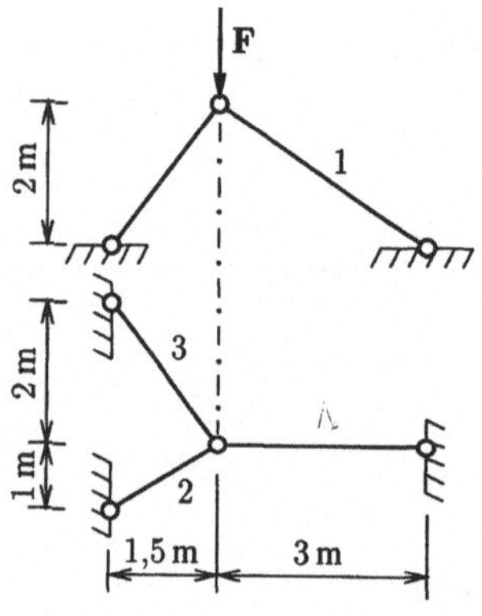

Lösung:

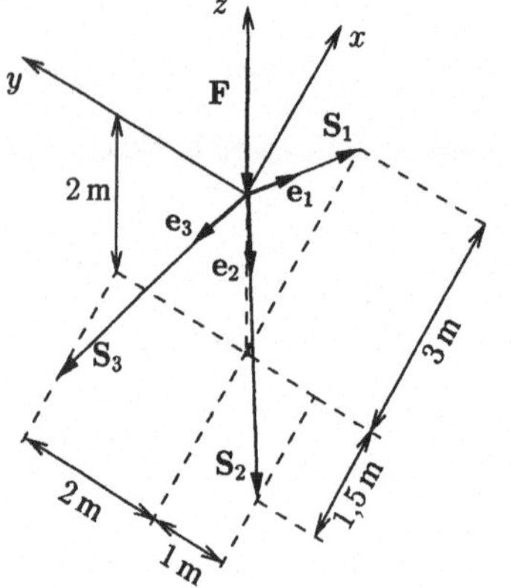

Die gegebene Kraft $\mathbf{F}$ und die gesuchten Kräfte $\mathbf{S}_1$, $\mathbf{S}_2$
und $\mathbf{S}_3$ bilden das in der nebenstehenden Zeichnung
dargestellte räumliche zentrale Kräftesystem. Die Wirkungslinien der gesuchten Kräfte sind durch die Lage
der Stäbe des Dreibocks festgelegt. Zu bestimmen ist der
Betrag der jeweiligen Kraft und ihre Richtung auf ihrer
Wirkungslinie.

Die Gleichgewichtsbedingung am Knoten lautet

$$\mathbf{S}_1 + \mathbf{S}_2 + \mathbf{S}_3 + \mathbf{F} = 0 \,.$$

Es liegt nahe, jede Stabkraft $\mathbf{S}_i$ als Produkt aus Maßzahl S_i und Basisvektor $\mathbf{e}_i$ ($i = 1,2,3$) anzu-
schreiben und die Gleichgewichtsbedingung umzuformulieren

$$S_1 \mathbf{e}_1 + S_2 \mathbf{e}_2 + S_3 \mathbf{e}_3 + \mathbf{F} = 0 \,,$$

denn der Basisvektor, der die Lage der jeweiligen Wirkungslinie der Kraft im Raum festlegt, kann mit
bekannter Wirkungslinie unmittelbar berechnet werden.

Wir erhalten die Basisvektoren als Stabvektoren, geteilt durch die Länge des jeweiligen Stabes.

$$\mathbf{e}_1 = \frac{(3,\,0,\,-2)}{\sqrt{13}}, \quad \mathbf{e}_2 = \frac{(-1{,}5,\,-1,\,-2)}{\sqrt{7{,}25}}, \quad \mathbf{e}_3 = \frac{(-1{,}5,\,2,\,-2)}{\sqrt{10{,}25}}.$$

Nach Einsetzen dieser Basisvektoren wird die Gleichgewichtsbedingung komponentenweise angeschrieben. Die drei Gleichungen stellen ein Gleichungssystem für die drei unbekannten Maßzahlen S_1, S_2 und S_3 dar. Jede Maßzahl enthält den Betrag der jeweiligen Kraft und ein Vorzeichen. Ist das Vorzeichen z.B. negativ, bedeutet dies, dass die Kraft entgegen der angenommenen Richtung des Basisvektors wirkt. Die drei Gleichungen lauten mit $\mathbf{F} \stackrel{\wedge}{=} (0,\,0,\,-F)$

$$S_1 \cdot \frac{3}{\sqrt{13}} - S_2 \cdot \frac{1{,}5}{\sqrt{7{,}25}} - S_3 \cdot \frac{1{,}5}{\sqrt{10{,}25}} + 0 = 0$$

$$S_1 \cdot 0 - S_2 \cdot \frac{1}{\sqrt{7{,}25}} + S_3 \cdot \frac{2}{\sqrt{10{,}25}} + 0 = 0$$

$$-S_1 \cdot \frac{2}{\sqrt{13}} - S_2 \cdot \frac{2}{\sqrt{7{,}25}} - S_3 \cdot \frac{2}{\sqrt{10{,}25}} - F = 0.$$

Auflösen nach den drei Unbekannten führt dann auf:

$$S_1 = -3{,}00\ \mathrm{MN}, \quad S_2 = -2{,}99\ \mathrm{MN}, \quad S_3 = -1{,}78\ \mathrm{MN},$$

d.h. alle drei Stabkräfte wirken entgegen den eingezeichneten Basisvektoren.

2.3 Aufgaben

Aufgabe 2.8:

Unter welchen Winkeln α und β stellen sich die Seile für die Gleichgewichtslage des Systems ein?

Gegeben: $G_0 = G_2 = 25\ \mathrm{kN}$; $G_1 = 20\ \mathrm{kN}$

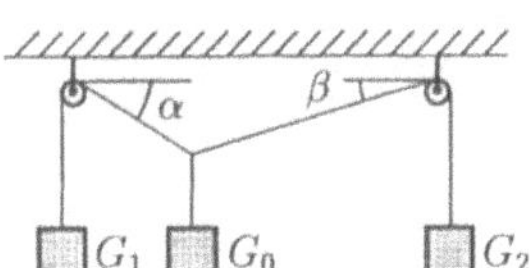

Aufgabe 2.9:

Eine Rolle (Gewicht G, Radius r) ist mit einem Seil (Länge l) an einer Wand befestigt. Bestimmen Sie die Seilkraft und die Normalkraft im Punkt A.

Gegeben: $l = 5\ \mathrm{m}$; $r = 3\ \mathrm{m}$; $G = 100\ \mathrm{kN}$

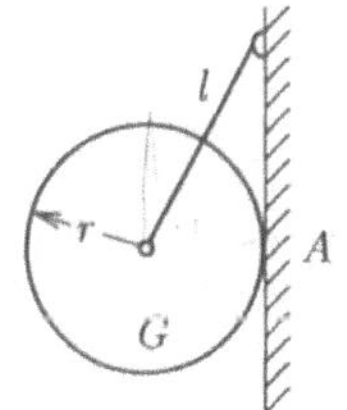

Aufgabe 2.10:

Wie groß muss die Kraft F_2 sein und wie groß sind die Seilkräfte, wenn das dargestellte System im Gleichgewicht sein soll? Das Seil läuft reibungsfrei um die Rolle, an der die Kräfte F_1 und F_2 angreifen.

Gegeben: $F_1 = 10$ kN

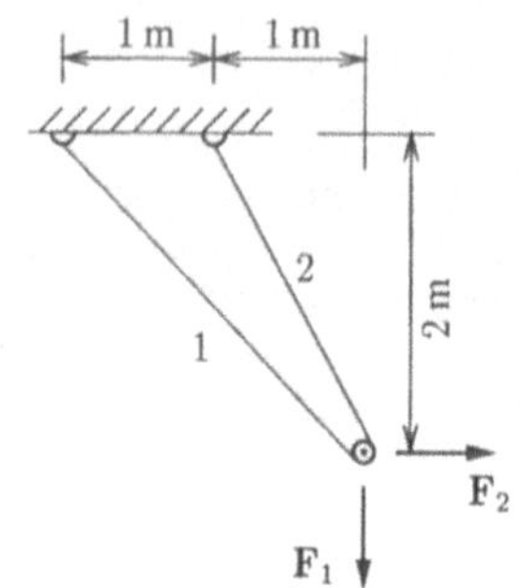

Aufgabe 2.11:

Ein Seil ist im Punkt A an einer horizontalen Decke befestigt und wird über die feste Rolle B geführt. Es trägt eine lose Rolle C mit einem Gewicht G_1 und am freien Ende ein Gewicht G_2. In welchem Abstand h von der Decke stellt sich die lose Rolle bei Gleichgewicht ein?

Gegeben: $G_1 = G_2 = 10$ kN

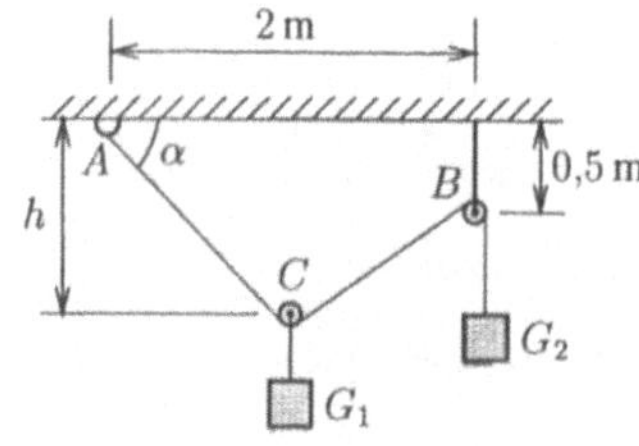

Aufgabe 2.12:

Ein Überseetanker wird von drei Bugsierbooten geschleppt. Jedes Boot entwickelt eine Zugkraft von 1 MN. Mit welcher Kraft wird der Tanker eingeschleppt und unter welchem Winkel φ zur Zugrichtung des mittleren Bootes stellt sich der Schiffsrumpf ein?

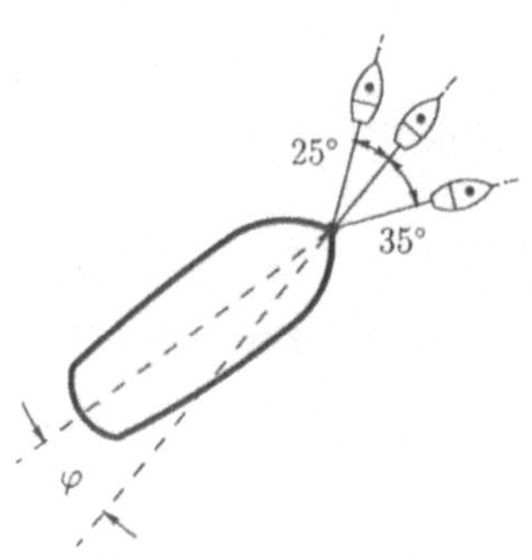

Aufgabe 2.13:

Eine Walze (Gewicht G, Radius r) ist an einem Faden (Länge l) in A aufgehängt. An der Walze lehnt ein Stab (Gewicht Q, Länge $2a$), der ebenfalls in A angelenkt ist. Wie groß ist der Winkel φ zwischen dem Faden und der Vertikalen, wenn sich das System im Gleichgewicht befindet?

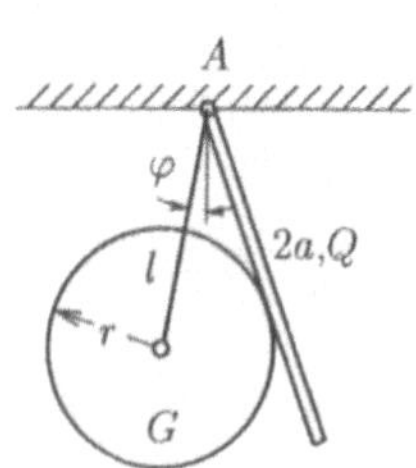

Aufgabe 2.14:

Ein Seil verbindet zwei zylindrische Walzen. Das Seil läuft parallel zu den reibungsfreien Ebenen über eine Rolle. Das System befindet sich im Gleichgewicht. Bestimmen Sie die Seilkräfte, die Normalkräfte N_1 und N_2, das Gewicht G_2 sowie die Stützkraft **F**, welche die Rolle auf das Seil ausübt.

Gegeben: $G_1 = 20$ kN, $\alpha = 45°$, $\beta = 30°$

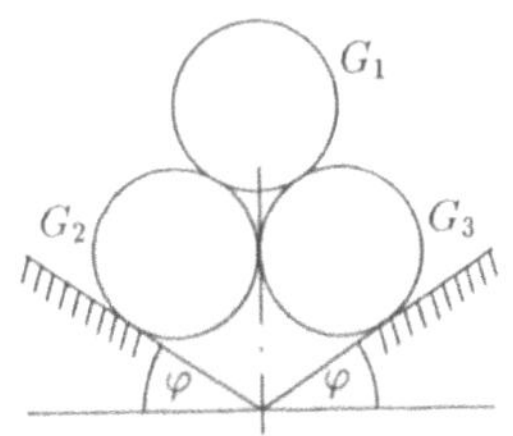

Aufgabe 2.15:

Drei gleich große glatte zylindrische Walzen mit den Gewichten $G_1 = G_2 = G_3 = G$ sind reibungsfrei auf zwei geneigten Ebenen gelagert.

a) Bestimmen Sie die Kontaktkräfte zwischen den Walzen bzw. den schiefen Ebenen.

b) Bei welchem kleinsten Winkel φ^* bleiben die drei Walzen gerade noch liegen? (Im Grenzfall verschwindet die Kontaktkraft zwischen den unteren Walzen)

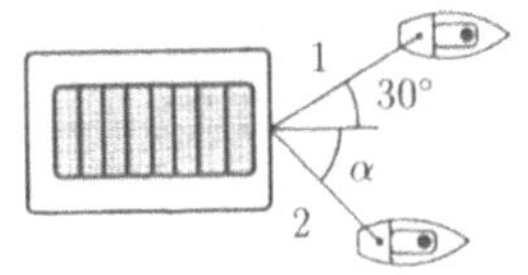

Aufgabe 2.16:

Ein Lastkahn wird von zwei Zugbooten gezogen. Die Resultierende der von den beiden Booten ausgeübten Kräfte betrage 50 kN und zeige genau in Fahrtrichtung des Kahns.

a) Berechnen Sie die Seilkräfte in den beiden Seilen bei $\alpha = 45°$ sowie

b) den Winkel α, für den die Seilkraft S_2 minimal wird.

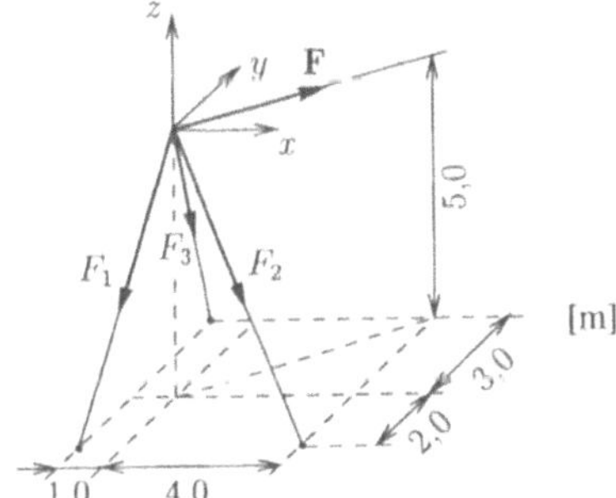

Aufgabe 2.17:

Bestimmen Sie die Kräfte in den Stäben F_1, F_2, F_3 des abgebildeten Systems so, dass sie mit der Kraft $F = 50$ kN im Gleichgewicht stehen.

Aufgabe 2.18:

Die Abspannung einer Straßenbeleuchtung ist in
der angegebenen Weise ausgebildet (dargestellt ist
nur eine Hälfte). Alle Spanndrähte greifen dabei
in gleicher Höhe an den Masten an und sind so
gespannt, dass die Leuchten gleich hoch hängen.
Das Gewicht einer Leuchte beträgt 0,8 kN. Das
Gewicht der Spanndrähte werde vernachlässigt.
Bestimmen Sie

a) die Kräfte in den einzelnen Spanndrähten (S_1
   bis S_5),

b) Betrag und Richtung der an einem Mast angreifenden Resultierenden.

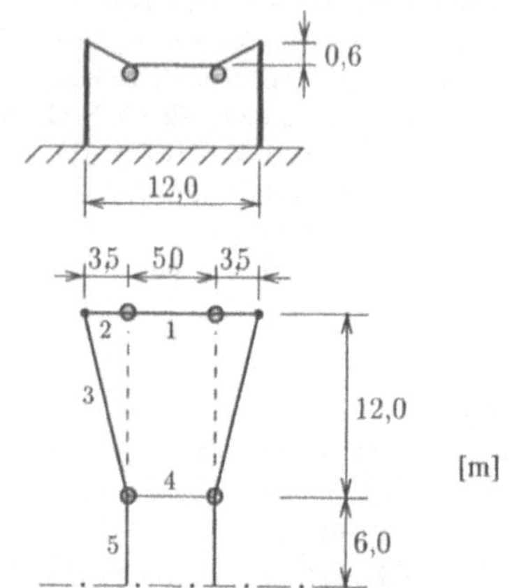

Aufgabe 2.19:

Der nebenstehend abgebildete Derrick-Kran aus
zwei je 12 m langen Stäben verbunden durch ein
ebenso langes Seil trägt ein Gewicht von $G =
40$ kN. In der gezeichneten Lage schließt die Pro-
jektion des Ladebaums auf die x-y-Ebene mit der
y-Achse einen Winkel von $\varphi = 20°$ ein. Bestimmen Sie die Kräfte in den Seilen S_1, S_2 und den
Stäben F_1 und F_2.

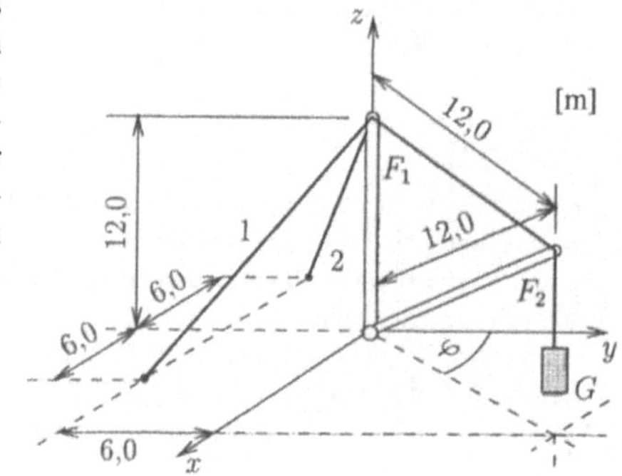

Aufgabe 2.20:

Ein Sendemast wird durch drei Seile 1, 2 und 3
gehalten. Bestimmen Sie

a) die Resultierende der Seilkräfte $\mathbf{S}_1$ und $\mathbf{S}_2$,
   wenn $S_1 = 5,2$ kN und $S_2 = 3,5$ kN,

b) die Seilkräfte $\mathbf{S}_1$ und $\mathbf{S}_2$ so, dass die Resultierende aus $\mathbf{S}_1, \mathbf{S}_2$ und $\mathbf{S}_3$ in Richtung des Mastes
   zeigt und die Seilkraft $S_3 = 7$ kN beträgt. Wie
   groß wird dann die Resultierende?

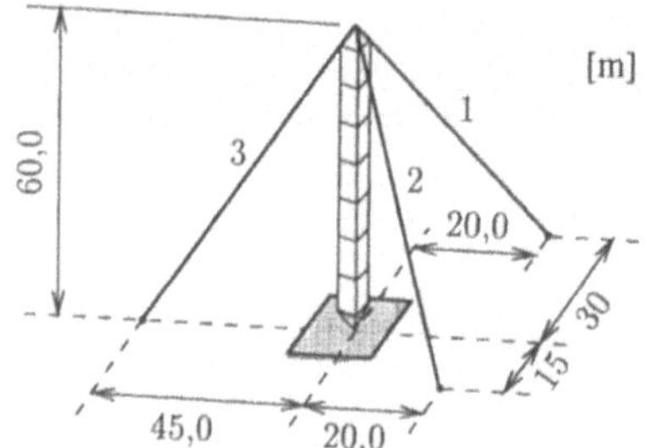

Aufgabe 2.21:

Ein Körper mit dem Gewicht $G = 50$ kN hängt an zwei Seilen, die an zwei Masten befestigt sind. Bestimmen Sie die Kraft $\mathbf{F}$, die den Körper in der gezeichneten Lage hält. Wie groß sind die Seilkräfte?

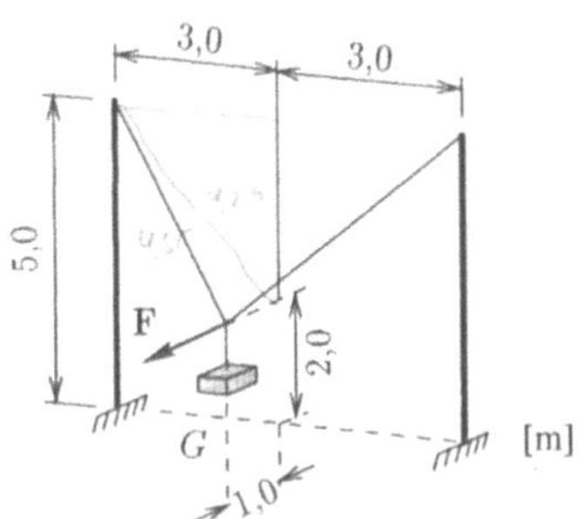

Aufgabe 2.22:

Ein Körper (Gewicht $G = 20$ N) hängt an 3 Fäden in einer Kiste. Berechnen Sie die Fadenkräfte, wenn Sie wissen, dass der Körper 3 cm unterhalb des Randes genau im Zentrum der Kiste hängt und die 3 Fäden im Punkt D zusammengeknotet sind.

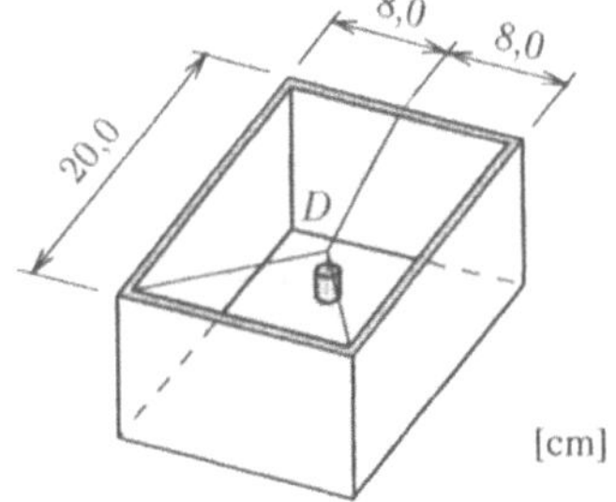

3 Allgemeine Kräftesysteme

3.1 Allgemeines

Schneiden sich die Wirkungslinien der an einem Körper angreifenden Kräfte nicht mehr in einem Punkt, sprechen wir von einem allgemeinen Kräftesystem.

Zwar sind wir – wie bei den zentralen Kräftesystemen – nach wie vor in der Lage, eine Reduktion der Kräfte auf eine resultierende Kraft $\mathbf{F}$ vorzunehmen, die Lage ihrer Wirkungslinie innerhalb des Kräftesystems bleibt vorerst jedoch unbestimmt.

Diese Bestimmung gelingt uns erst, wenn wir zusätzlich zu den Kräften den Begriff des Momentes einer Kraft (Band I, Abschnitt 4.2) einführen. Erfahrungsgemäß beginnen damit aber auch die ersten Schwierigkeiten der Studenten.

Da ein zentraler Bezugspunkt für allgemeine Kräftesysteme nicht mehr existiert, führen wir einen beliebigen Bezugspunkt, z.B. den Ursprung eines kartesischen Koordinatensystems 0, ein und betrachten nun die „Wirkung" der Kräfte in bezug auf diesen Punkt durch Einführen eines Ortsvektors $\mathbf{r}$ von diesem Bezugspunkt zum Angriffspunkt der Kraft. Diese „Wirkung" (vergleichbar einer Hebelwirkung) nennen wir das Moment $\mathbf{M}$ der Kraft $\mathbf{F}$ in bezug auf den Punkt 0 und definieren

$$\mathbf{M} =_{\text{def}} \mathbf{r} \times \mathbf{F} \tag{3.1}$$

(Band I, Def. 4.4).

Das Moment $\mathbf{M}_{(1)}$ der Kraft $\mathbf{F}$ in bezug auf eine beliebige Achse mit der Richtung $\mathbf{e}_1$ durch den Punkt 0 ist dann

$$\mathbf{M}_{(1)} = (\mathbf{M} \cdot \mathbf{e}_1)\mathbf{e}_1 = \mathbf{M}_1^* \tag{3.2}$$

gleich der Projektion von $\mathbf{M}$ auf diese Achse (Band I, Satz 4.5).

Bei der Reduktion des allgemeinen Kräftesystems sehen wir also, dass wir nicht nur die Kräfte zu einer resultierenden Kraft $\mathbf{F}$, sondern auch die Momente zu einem resultierenden Moment $\mathbf{M}$ in bezug auf den Punkt 0 zusammenfassen können

$$\mathbf{F} = \sum_i \mathbf{F}_i$$
$$\mathbf{M} = \sum_i \mathbf{M}_i = \sum_i (\mathbf{r}_i \times \mathbf{F}_i) . \tag{3.3}$$

Dabei gehen wir davon aus, dass dann die Wirkungslinie von $\mathbf{F}$ durch den Koordinatenursprung 0 geht, so dass das Moment der resultierenden Kraft selbst verschwindet.

Ist nun $\mathbf{F} \neq \mathbf{0}$, so können wir dieses System noch weiter reduzieren. Dabei nutzen wir die Tatsache aus, dass ein Moment $\mathbf{M}$ stets durch ein beliebiges Kräftepaar bestehend aus zwei gleich großen, entgegengesetzt gerichteten Kräften $\mathbf{F}$ bzw. $-\mathbf{F}$ mit dem Abstand a ersetzt werden kann.

Bei ebenen Kräftesystemen aus einer Kraft $\mathbf{F}$ und einem darauf senkrecht stehenden Moment $\mathbf{M}$ lässt sich dieses System stets auf eine einzelne Kraft $\hat{\mathbf{F}} = \mathbf{F}$ reduzieren, deren Wirkungslinie gegenüber $\mathbf{F}$ um

$$\mathbf{a} = \frac{\mathbf{F} \times \mathbf{M}}{\mathbf{F} \cdot \mathbf{F}} \tag{3.4}$$

parallel verschoben ist. Das dabei ersetzte Moment

$$\mathbf{M}_V = \mathbf{a} \times \mathbf{F} \tag{3.5}$$

nennen wir das Versetzungsmoment (Band I, Sätze 4.16 bzw. 4.17).

Bei räumlichen Kräftesystemen aus einer Kraft $\mathbf{F}$ und einem Moment $\mathbf{M}$ stehen beide Vektoren nicht mehr senkrecht aufeinander. Ein solches System lässt sich dann nur noch auf eine Dyname (Kraftschraube) reduzieren, die aus einer Kraft $\hat{\mathbf{F}} = \mathbf{F}$ und einem Moment

$$\mathbf{M}_D = \frac{\mathbf{M} \cdot \mathbf{F}}{\mathbf{F} \cdot \mathbf{F}} \mathbf{F} \tag{3.6}$$

besteht, deren Wirkungslinien in der Zentralachse zusammenfallen und um $\mathbf{a}$ gemäß (3.4) gegenüber dem Punkt 0 verschoben sind (siehe Band I, Abschnitt 4.7.2).

Soll sich ein Körper unter dem Einfluss eines allgemeinen Kräftesystems im Gleichgewicht befinden, so müssen die Resultierenden (als Ergebnis der Reduktion oder die Ausgangsgrößen (3.3)) verschwinden

$$\boxed{\begin{aligned} \sum_i \mathbf{F}_i &= \mathbf{0} \\ \sum_i \mathbf{M}_i &= \sum_i (\mathbf{r}_i \times \mathbf{F}_i) = \mathbf{0} \,. \end{aligned}} \tag{3.7}$$

Bei ebenen allgemeinen Kräftesystemen liegen die Kräfte $\mathbf{F}_i$ in einer Ebene, z.B. der x-y-Ebene eines kartesischen Bezugssystems. Dann bleiben von obigen Gleichungen lediglich drei übrig

$$\boxed{\begin{aligned} \sum_i F_{ix} &= 0 \\ \sum_i F_{iy} &= 0 \\ \sum_i M_{iz} &= \sum_i \left(x_i F_{iy} - y_i F_{ix} \right) = 0 \,. \end{aligned}} \tag{3.8}$$

Durch Hinzufügen von Linearkombinationen der einzelnen Beziehungen lassen sich diese Gleichungen auch auf eine andere Form bringen (Band I, Satz 4.18). Die auf diese Weise auch entstehenden linear abhängigen Aussagen werden häufig zur Kontrolle der Rechnung herangezogen.

Bei räumlichen allgemeinen Kräftesystemen erhalten wir schließlich aus (3.7)

$$\boxed{\begin{aligned} \sum_i F_{ix} &= 0 & \sum_i M_{ix} &= 0 \\ \sum_i F_{iy} &= 0 & \sum_i M_{iy} &= 0 \\ \sum_i F_{iz} &= 0 & \sum_i M_{iz} &= 0 \end{aligned}} \tag{3.9}$$

wobei sich auch diese Beziehungen noch umformen lassen (Band I, Abschnitt 4.7.3).

Losgelöst davon lassen sich für ebene allgemeine Kräftesysteme auch noch graphische Lösungsmethoden angeben. Die Elemente dieser Methoden wie z.B. auch des Seileck-Verfahrens sind ausführlich in Band I, Abschnitt 4.5 beschrieben. Wir wollen uns hier darauf beschränken, auf die dort gemachten Angaben zu verweisen.

3.2   Beispiele

Aufgabe 3.1:

Zerlegen Sie die Kraft **F** graphisch und analytisch in 3 Komponenten, die durch die 3 Wirkungslinien a_1, a_2 und a_3 bestimmt sind.

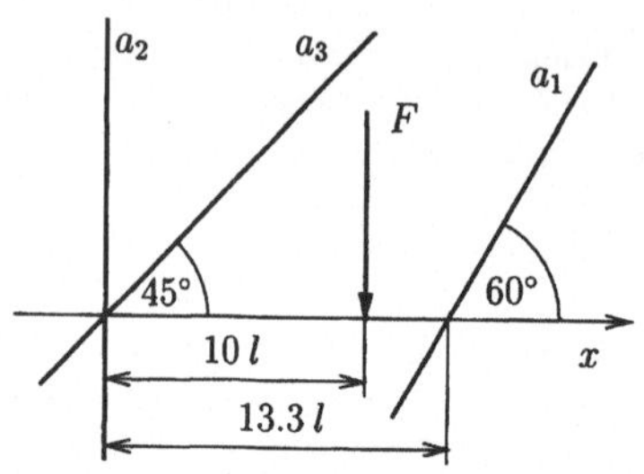

Lösung:

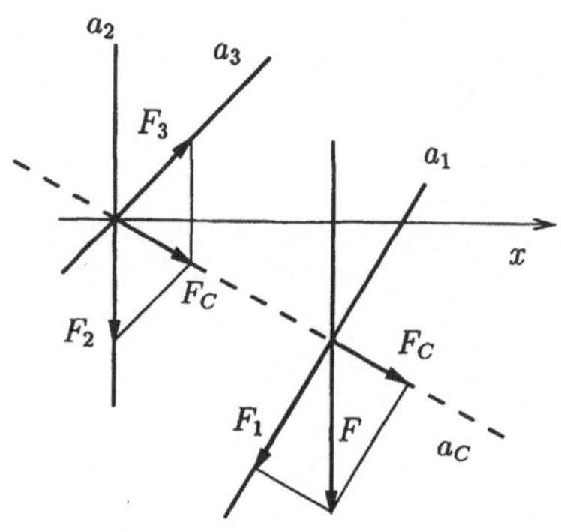

i) Graphische Lösung:

Die graphische Lösung folgt der Lösungsmethode von *Culmann* (siehe Band I, Satz 4.13). Wir legen einen Kräftemaßstab fest und bringen je zwei der vier Wirkungslinien zum Schnitt, z.B. a_2 mit a_3 und a_1 mit der Wirkungslinie von F. Die Verbindungslinie der beiden Schnittpunkte ist dann die *Culmann*-Gerade a_c. Wir zerlegen nun F in die beiden Komponenten F_1 und F_c mit den Wirkungslinien a_1 und a_c und anschließend F_c – nachdem wir die Kraft gemäß Band I, Satz 4.1 längs der Wirkungslinie a_c in den Schnittpunkt von a_2 und a_3 verschoben haben – in die beiden Komponenten F_2 und F_3 mit den Wirkungslinien a_2 und a_3. Die Längen der so bestimmten Kräfte F_1, F_2 und F_3 liefern dann zusammen mit dem Kräftemaßstab die Beträge der gesuchten Kräfte:

$$F_1 = 0.87\,F; \quad F_2 = 0.68\,F; \quad F_3 = 0.61\,F.$$

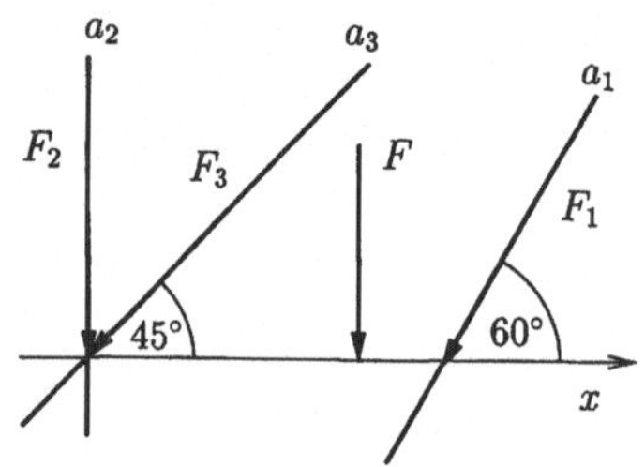

ii) Analytische Lösung:

Die analytische Lösung beginnt mit der Festlegung eines positiven Richtungssinns der Kräfte F_1, F_2 und F_3 auf den Wirkungslinien a_1, a_2 und a_3.

Die gegebene Kraft F ist die Resultierende des ebenen allgemeinen Kräftesystems, bestehend aus den eingeführten Kräften F_1, F_2 und F_3. Gemäß Band I, Satz 4.7 sind die zwei Kräftesysteme F bzw. F_1, F_2 und F_3 statisch äquivalent, wenn sie in der Summe der Kräfte und im resultierenden Moment der Kräfte in bezug auf einen beliebigen Punkt, z.B. den Schnittpunkt der Wirkungslinien a_2 und a_3 übereinstimmen, d.h. es muss gelten

$$F \cdot 10\,l = F_1 \cdot 13{,}3\,l \sin 60°$$

für die Momente bzw.

$$0 = F_3 \cos 45° + F_1 \cos 60°$$

$$F = F_1 \sin 60° + F_2 + F_3 \sin 45°$$

für die Kräfte in horizontaler und vertikaler Richtung.
Mit Hilfe dieser drei Gleichungen lassen sich unter Berücksichtigung des jeweils eingeführten positiven Richtungssinns die Kräfte F_1, F_2 und F_3 wie folgt bestimmen:

$$F_1 = 0.868\,F; \quad F_2 = 0.682\,F; \quad F_3 = -0.614\,F.$$

Aufgabe 3.2:

Bestimmen Sie Betrag und Wirkungslinie der Resultierenden aus den Kräften F_1 bis F_4.

Gegeben: $F_1 = 20\,\mathrm{N}$, $F_2 = 40\,\mathrm{N}$,
$F_3 = 30\,\mathrm{N}$, $F_4 = 40\,\mathrm{N}$.

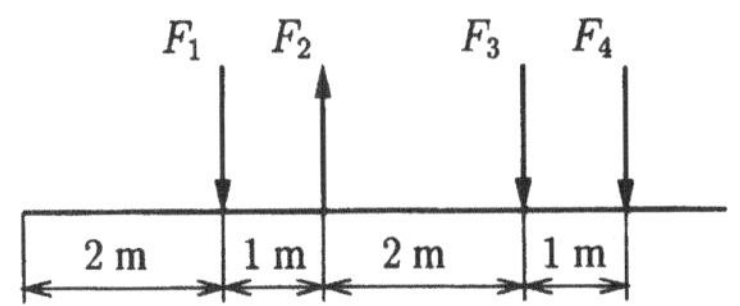

Lösung:

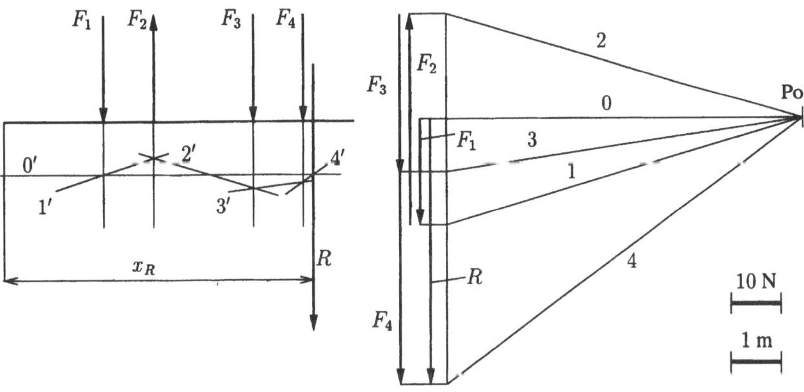

i) Graphische Lösung

Die Lösung erfolgt graphisch mit Hilfe des Seileck-Verfahrens. Dabei befolgen wir die in Band I, Abschnitt 4.5.2 beschriebene Vorgehensweise und erhalten auf diese Weise die oben stehende Zeichnung, aus der sich der Betrag und die Lage der Resultierenden ablesen lassen

$$R = 50\,\mathrm{N}, \qquad x_R = 6{,}2\,\mathrm{m}.$$

ii) analytische Lösung

Die Resultierende

$$R = \sum_i F_i = F_1 - F_2 + F_3 + F_4 = 50\ \text{N}$$

ist dem gegebenen Kräftesystem statisch äquivalent, d.h. auch für die Momente muss gelten

$$R \cdot x_R = F_1 \cdot 2\ \text{m} - F_2 \cdot 3\ \text{m} + F_3 \cdot 5\ \text{m} + F_4 \cdot 6\ \text{m}.$$

Daraus folgt unmittelbar

$$x_R = 6{,}2\ \text{m}\,.$$

Aufgabe 3.3:

Eine Uferbefestigung wird in angegebener Weise durch vertikale und horizontale Lasten beansprucht. Welche Kräfte ergeben sich daraus für die Pfähle 1 bis 3?

Gegeben: $\quad H = 12\ \text{kN}, \quad V = 40\ \text{kN},$
$\qquad\qquad \alpha = 30°, \qquad \beta = 40°,$
$\qquad\qquad a = 2\ \text{m}, \qquad d = 3\ \text{m}$

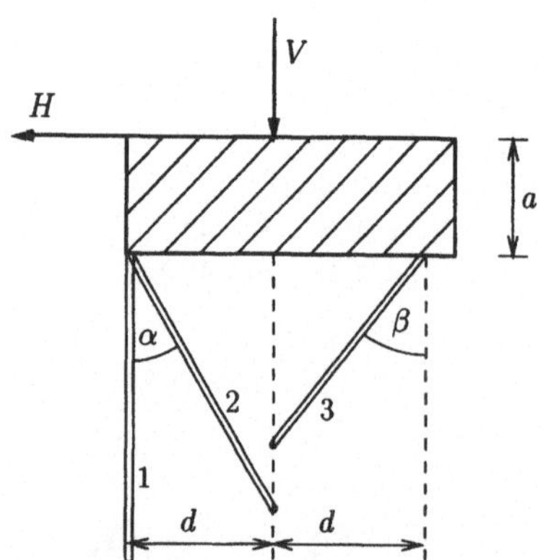

Lösung:

i) Graphische Lösung

Die Kräfte H und V werden durch ihre Resultierende F ersetzt. Die vier komplanaren Kräfte F, F_1, F_2 und F_3 bilden dann eine Gleichgewichtssystem (Band I, Satz 4.13). Die Lösung der Aufgabe erfolgt mit Hilfe der *Culmann*schen Hilfsgeraden. Im vorliegenden Fall wird sie durch die Schnittpunkte der Wirkungslinien der Kräfte F_1 und F_2 bzw. F_3 und F festgelegt.

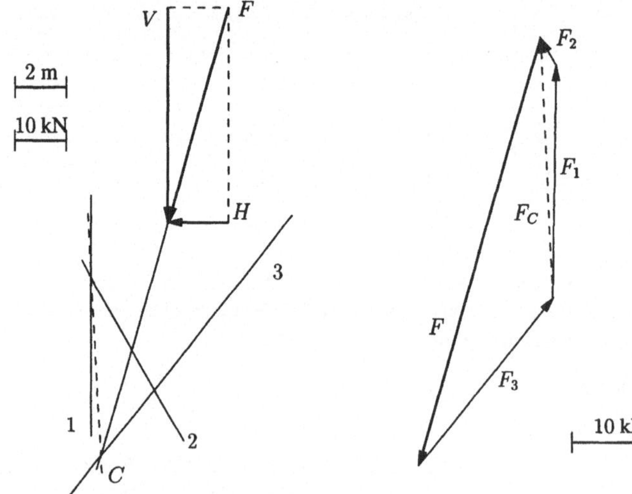

Für die gesuchten Stabkräfte lesen wir ab

$$F_1 = 21{,}5 \text{ kN}; \quad F_2 = 2{,}5 \text{ kN}; \quad F_3 = 21{,}0 \text{ kN}.$$

ii) Analytische Lösung

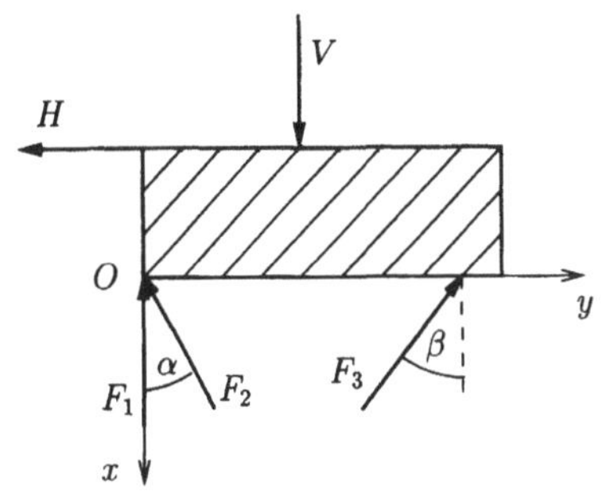

Es werden alle Stäbe als Druckstäbe angenommen. Die Kräfte H, V, F_1, F_2 und F_3 bilden ein Gleichgewichtssystem. In bezug auf das kartesische Koordinatensystem gilt (3.8)

$$\sum_i F_{ix} = 0 = V - F_1 - F_2 \cos\alpha - F_3 \cos\beta$$

$$\sum_i F_{iy} = 0 = -H - F_2 \sin\alpha + F_3 \sin\beta$$

$$\sum_i M_{iz} = 0 = Ha - Vd + F_3\, 2d \cos\beta.$$

Die Auflösung dieses Gleichungssystems liefert mit den gegebenen Größen:

$$F_1 = 21{,}53 \text{ kN}; \quad F_2 = 2{,}85 \text{ kN}; \quad F_3 = 20{,}89 \text{ kN}.$$

Aufgabe 3.4:

Ein Kräftepaar $\mathbf{F}$, $-\mathbf{F}$ ist zeichnerisch umzuwandeln in ein Kräftepaar auf den Wirkungslinien a_1 und a_2. Wie groß ist das Moment des Kräftepaares bezüglich der Punkte A bzw. B?

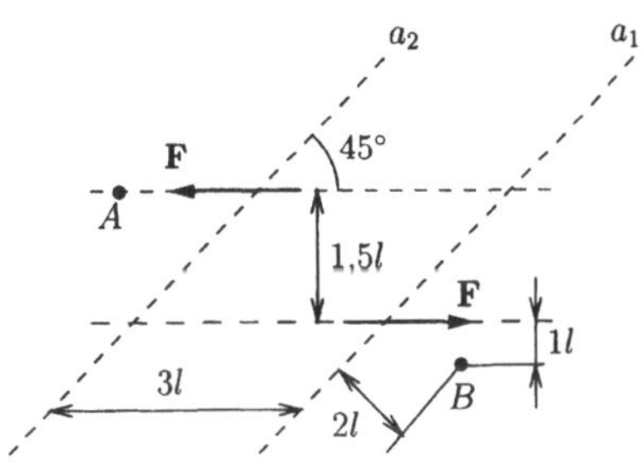

Lösung:

i) Graphische Lösung:

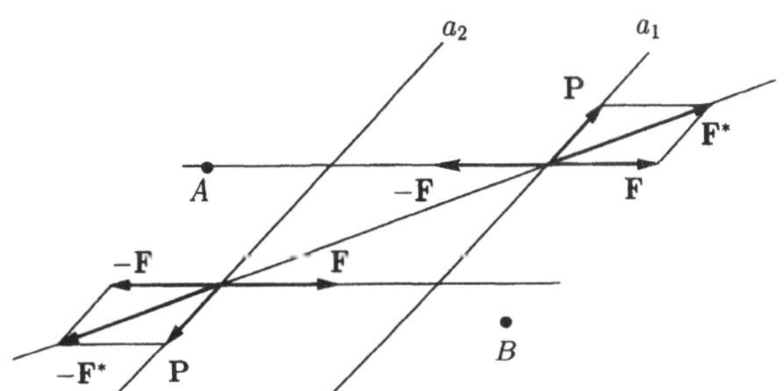

Gesucht ist das Kräftepaar $\mathbf{P}$, $-\mathbf{P}$, das dem gegebenen Kräftepaar $\mathbf{F}$, $-\mathbf{F}$ statisch äquivalent ist. Das System bestehend aus $\mathbf{P}$, $-\mathbf{P}$ sowie $-\mathbf{F}$, $\mathbf{F}$ ist deshalb ein Gleichgewichtssystem. Mit Hilfe der *Culmann*schen Hilfsgeraden lassen sich dann die entgegengesetzt gleich großen Teilresultierenden $\mathbf{F}^*$ bestimmen. Auf der Basis eines gewählten Längen- und Kräftemaßstabes erhalten wir

$$|\mathbf{P}| = 0{,}70\,F\,.$$

Für die gesuchten Momente finden wir

$$M_A = M_B = 1{,}5\,Fl\,.$$

ii) Analytische Lösung

Die resultierenden Momente beider Kräftepaare sind gleich groß (Band I, Satz 4.9), d.h.

$$P \cdot \frac{3}{\sqrt{2}}\,l = F \cdot \frac{3}{2}\,l \quad\Rightarrow\quad P = \frac{\sqrt{2}}{2}\,F\,.$$

Aufgabe 3.5:

Bestimmen Sie das resultierende Moment der in einer kartesischen Basis gegebenen Kräfte in bezug auf den Koordinatenursprung.

Gegeben: $\mathbf{F}_1 \triangleq (2, 3, 0)$; $\mathbf{r}_1 \triangleq (1, -1, 0)$ (Alle Maßzahlen in [kN] bzw. [m])
           $\mathbf{F}_2 \triangleq (1, 0, 0)$; $\mathbf{r}_2 \triangleq (0, -3, 0)$
           $\mathbf{F}_3 \triangleq (2, 2, 0)$; $\mathbf{r}_2 \triangleq (4, 2, 0)$

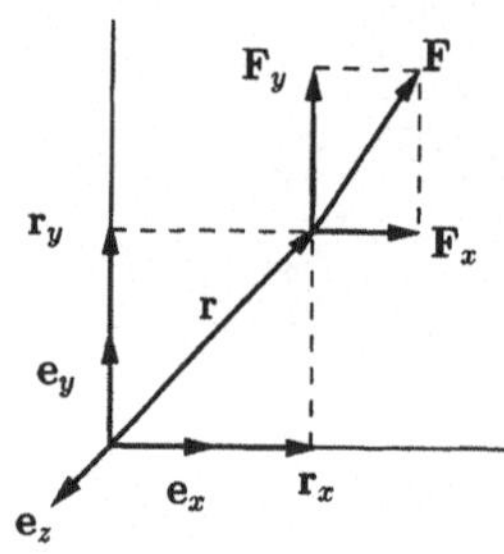

Lösung: Das resultierende Moment eines Kräftesystems in bezug auf einen Punkt ist gleich der Summe der Momente der einzelnen Kräfte in bezug auf diesen Punkt (Band I, Def 4.5).

Das Moment einer Einzelkraft $\mathbf{F} \triangleq (F_x, F_y, 0)$ mit dem Angriffspunkt $\mathbf{r} \triangleq (x, y, 0)$ ist gemäß (3.1)

$$\mathbf{M} = \mathbf{r} \times \mathbf{F} = M_z \mathbf{e}_z \quad\text{mit}\quad M_z = x F_y - y F_x\,.$$

Für das Moment des Kräftesystems gilt $(3.3)_2$

$$M_z = \sum_i \left(x_i F_{iy} - y_i F_{ix} \right)$$

$$= [(1 \cdot 3 + 1 \cdot 2) + (0 \cdot 0 + 3 \cdot 1) + (4 \cdot 2 - 2 \cdot 2)]\ [\text{kNm}]$$

$$= 12\ [\text{kNm}]$$

Aufgabe 3.6:

Bestimmen Sie das zu einem ebenen Kräftesystem äquivalente Kräftesystem, dessen resultierende Kraft durch den Koordinatenursprung geht.

Gegeben: $\mathbf{F}_1 \triangleq (3, 4, 0)$; $\mathbf{r}_1 \triangleq (1, 2, 0)$ (Alle Maßzahlen in [kN], bzw. [m])
           $\mathbf{F}_2 \triangleq (-3, 1, 0)$; $\mathbf{r}_2 \triangleq (5, 6, 0)$
           $\mathbf{M} \triangleq (0, 0, 5)$

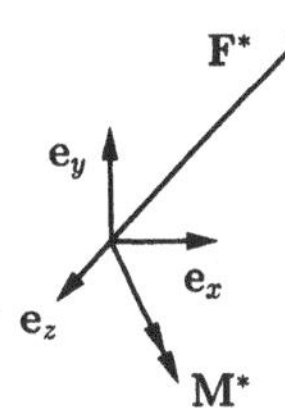

Lösung: Ebene Kräftesysteme sind statisch äquivalent, wenn sie in der resultierenden Kraft und im resultierenden Moment übereinstimmen (Band I, Abschnitt 4.6.1). Wird als Bezugspunkt der Koordinatenursprung und als Bezugsachse die e_z-Achse gewählt, erhalten wir aus (3.3) für die resultierende Kraft $\mathbf{F}^*$

$$\mathbf{F}^* = \mathbf{F}_1 + \mathbf{F}_2 = (3-3)\mathbf{e}_x + (4+1)\mathbf{e}_y + (0+0)\mathbf{e}_z = 5\,\mathbf{e}_y \ [\text{kN}]$$

sowie für das resultierende Moment $\mathbf{M}^*$

$$\mathbf{M}^* = \sum_i (\mathbf{r}_i \times \mathbf{F}_i) + \mathbf{M}$$

$$= [(1\cdot 4 - 2\cdot 3) + (5\cdot 1 + 6\cdot 3) + 5]\,\mathbf{e}_z \ [\text{kNm}]$$

$$= 26\,\mathbf{e}_z \ [\text{kNm}].$$

Aufgabe 3.7:

Bestimmen Sie das resultierende Moment des gegebenen Kräftesystems:

a) in bezug auf den Koordinatenursprung und

b) in bezug auf die Koordinatenachsen.

Gegeben: $\mathbf{F}_1 \triangleq (-5, 0, 0)$; $\mathbf{r}_1 \triangleq (3, 0, 1)$ (Alle Maßzahlen in [kN] bzw. [m])

$\mathbf{F}_2 \triangleq (0, 8, 0)$; $\mathbf{r}_2 \triangleq (3, 2, 1)$

$\mathbf{F}_3 \triangleq (2\sqrt{2}, 0, 2\sqrt{2})$; $\mathbf{r}_3 \triangleq (0, 2, 0)$

Lösung:

a) Resultierendes Moment in bezug auf den Koordinatenursprung

$$\mathbf{M} = \sum_i (\mathbf{r}_i \times \mathbf{F}_i)$$

$$= \begin{vmatrix} \mathbf{e}_x & \mathbf{e}_y & \mathbf{e}_z \\ 3 & 0 & 1 \\ -5 & 0 & 0 \end{vmatrix} + \begin{vmatrix} \mathbf{e}_x & \mathbf{e}_y & \mathbf{e}_z \\ 3 & 2 & 1 \\ 0 & 8 & 0 \end{vmatrix} + \begin{vmatrix} \mathbf{e}_x & \mathbf{e}_y & \mathbf{e}_z \\ 0 & 2 & 0 \\ 2\sqrt{2} & 0 & 2\sqrt{2} \end{vmatrix}$$

$$= (-5\mathbf{e}_y) + (24\mathbf{e}_z - 8\mathbf{e}_x) + (4\sqrt{2}\mathbf{e}_x - 4\sqrt{2}\mathbf{e}_z)$$

$$\triangleq (4\sqrt{2} - 8, \ -5, \ 24 - 4\sqrt{2}) = (-2{,}34, \ -5, \ 18{,}34) \ [\text{kNm}].$$

b) Momente in bezug auf die Koordinatenachsen

Die Projektion eines Vektors $\mathbf{M}$ auf eine beliebige Achse mit dem Einheitsvektor $\mathbf{e}_1$ ist (3.2)

$$\mathbf{M}_1^* = (\mathbf{M} \cdot \mathbf{e}_1)\mathbf{e}_1.$$

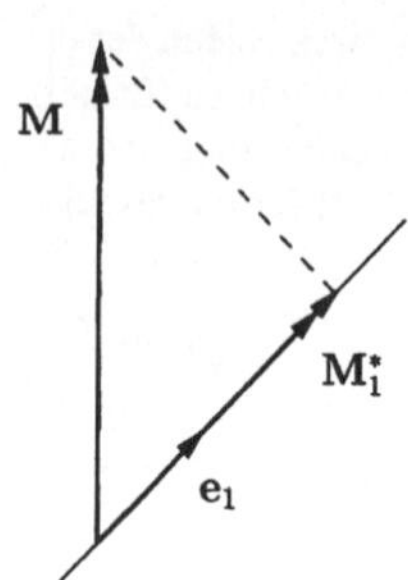

Für die Koordinatenachsen folgt daraus

$$\mathbf{M}_x = (\mathbf{M} \cdot \mathbf{e}_x)\mathbf{e}_x = (4\sqrt{2} - 8)\mathbf{e}_x = -2{,}34\,\mathbf{e}_x \ [\text{kNm}]$$

$$\mathbf{M}_y = (\mathbf{M} \cdot \mathbf{e}_y)\mathbf{e}_y = -5\,\mathbf{e}_y \ [\text{kNm}]$$

$$\mathbf{M}_z = (\mathbf{M} \cdot \mathbf{e}_z)\mathbf{e}_z = (24 - 4\sqrt{2})\mathbf{e}_z = 18{,}34\,\mathbf{e}_z \ [\text{kNm}].$$

In einem kartesischen Koordinatensystem sind die Projektionen mit den Komponenten identisch.

Aufgabe 3.8:

Dem Punkt A ist eine Kraft $\mathbf{F}$ und ein Moment $\mathbf{M}$ zugeordnet. $\mathbf{F}$ und $\mathbf{M}$ schließen einen Winkel von 60° ein. Reduzieren Sie das Kräftesystem auf einen Punkt B, für den das äquivalente System $\hat{\mathbf{F}}, \hat{\mathbf{M}}$ aus parallelen Vektoren besteht (Kraftschraube, Dyname). Wo liegt B in bezug zu A?

Gegeben: $|\mathbf{F}| = 6$ kN; $|\mathbf{M}| = 12$ kNm

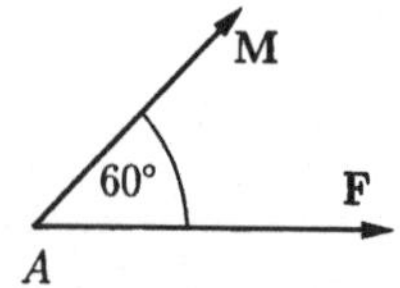

Lösung: Wir zerlegen $\mathbf{M}$ in eine Komponente $\mathbf{M}_\parallel$ parallel zu $\mathbf{F}$ mit

$$|\mathbf{M}_\parallel| = |\mathbf{M}|\cos 60° = M\cos 60°$$

und in eine Komponente $\mathbf{M}_\perp$ senkrecht zu $\mathbf{F}$

$$|\mathbf{M}_\perp| = |\mathbf{M}|\sin 60° = M\sin 60° \,.$$

Das äquivalente Kräftesystem in B besteht aus

$$\mathbf{F} = \hat{\mathbf{F}} \quad \text{und} \quad \hat{\mathbf{M}} = \mathbf{M}_\parallel \,.$$

Nach (3.4) liegt der Punkt B im Abstand a auf einer Geraden senkrecht zu $\mathbf{F}$ und $\mathbf{M}_\perp$ bzw. $\mathbf{M}$,

$$\mathbf{a} = \frac{\mathbf{F} \times \mathbf{M}_\perp}{\mathbf{F} \cdot \mathbf{F}} \,,$$

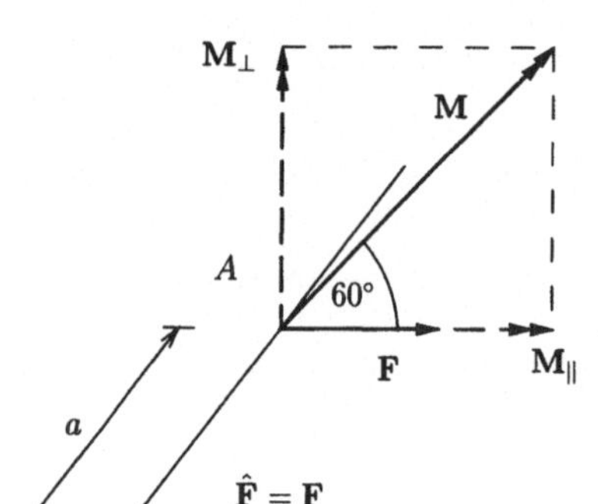

d.h.

$$a = \frac{M_\perp}{F} \,.$$

Mit den gegebenen Zahlenwerten erhalten wir dann

$$\hat{M} = |\hat{\mathbf{M}}| = |\mathbf{M}_\parallel| = M\cos 60° = 6 \ [\text{kNm}]$$

$$a = \frac{M\sin 60°}{F} = 1{,}73 \ [\text{m}]$$

Aufgabe 3.9:

Die Komponenten der Unbekannten **F** und **M** sind so zu bestimmen, dass sie mit den gegebenen Kräften und Momenten im Gleichgewicht stehen.

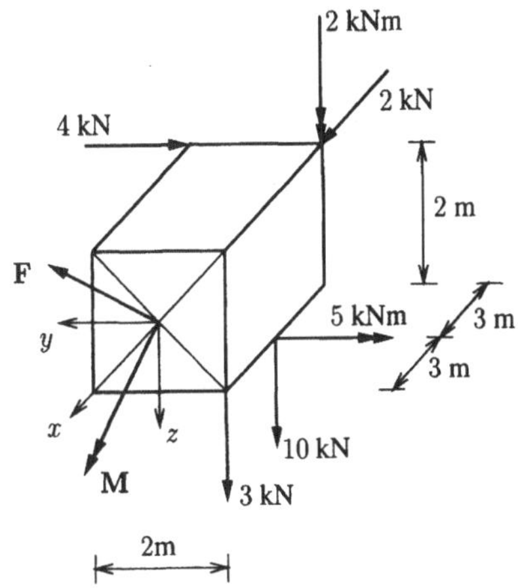

Lösung: Aus den Gleichgewichtsbedingungen für allgemeine räumliche Kräftesysteme (3.9) erhalten wir unmittelbar die Lösungen für die Maßzahlen von **F** und **M**

$$\sum_i F_{ix} = 0 = 2\ \text{kN} + F_x \qquad\qquad \Rightarrow F_x = -2\ \text{kN}$$

$$\sum_i F_{iy} = 0 = -4\ \text{kN} + F_y \qquad\qquad \Rightarrow F_y = 4\ \text{kN}$$

$$\sum_i F_{iz} = 0 = 3\ \text{kN} + 10\ \text{kN} + F_z \qquad\qquad \Rightarrow F_z = -13\ \text{kN}$$

$$\sum_i M_{ix} = 0 = -3\ \text{kN} \cdot 1\ \text{m} - 10\ \text{kN} \cdot 1\ \text{m} - 4\ \text{kN} \cdot 1\ \text{m} + M_x \quad \Rightarrow M_x = 17\ \text{kNm}$$

$$\sum_i M_{iy} = 0 = 10\ \text{kN} \cdot 3\ \text{m} - 5\ \text{kNm} - 2\ \text{kN} \cdot 1\ \text{m} + M_y \quad \Rightarrow M_y = -23\ \text{kNm}$$

$$\sum_i M_{iz} = 0 = 4\ \text{kN} \cdot 6\ \text{m} + 2\ \text{kNm} + 2\ \text{kN} \cdot 1\ \text{m} + M_z \quad \Rightarrow M_z = -28\ \text{kNm}.$$

3.3 Aufgaben

Aufgabe 3.10:

Ein Boot ist durch zwei Seile und einen Pfahl P am Ufer eines Flusses festgemacht.

a) Bestimmen Sie die Seilkräfte und die Kraft, die der Pfahl auf das Boot ausübt, wenn die Kraft auf das Boot infolge der Strömung $F = 2$ kN beträgt.

b) Bleibt das Boot in der gezeichneten Lage, wenn sich die Strömungsrichtung umkehrt?

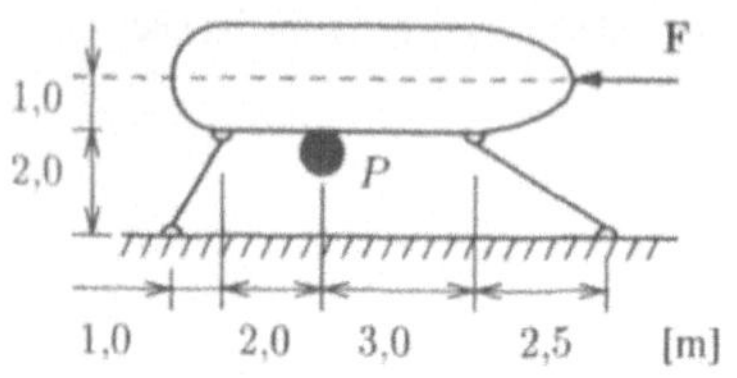

Aufgabe 3.11:

Die nebenstehende Überdachungskonstruktion ist an zwei Seilen (1,2) aufgehängt und stützt sich im Punkt a gegen eine glatte Wand. Neben dem Eigengewicht G soll noch eine Zusatzlast F auf die Konstruktion wirken. Bestimmen Sie die Seilkräfte S_1 und S_2 sowie die Normalkraft im Punkt a.

Gegeben: $G = 3$ kN; $F = 1,5$ kN

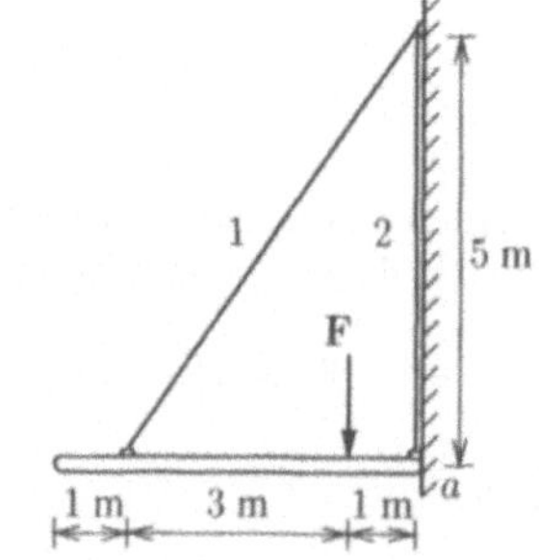

Aufgabe 3.12:

Der nebenstehend abgebildete Kran soll ein Gewicht von $G = 3$ kN tragen. Bestimmen Sie die Kräfte in den Stäben 1, 2 und 3.

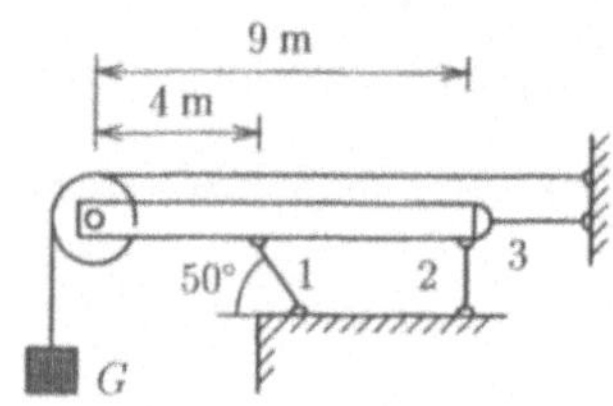

Aufgabe 3.13:

Ein Balken werde durch die Kräfte $F_1 = F_3 = 20$ kN und $F_2 = 15$ kN sowie durch die Kräfte A, B, C beansprucht. Bestimmen Sie A, B und C.

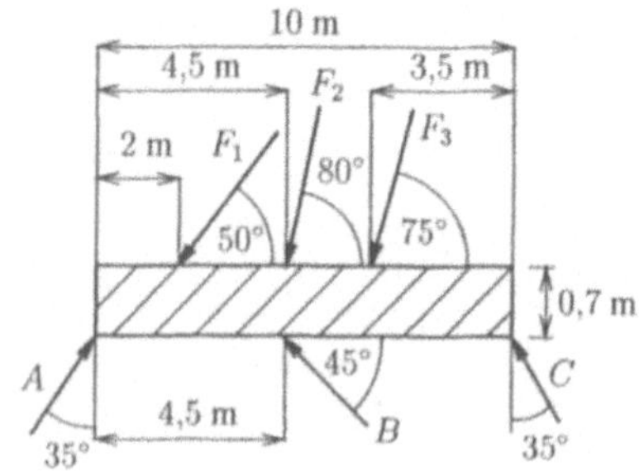

Aufgabe 3.14:

Welchen Betrag und welche Richtung müssen
die drei Kräfte F_1, F_2 und F_3 haben, damit die
resultierende Kraft und das resultierende Moment verschwinden?

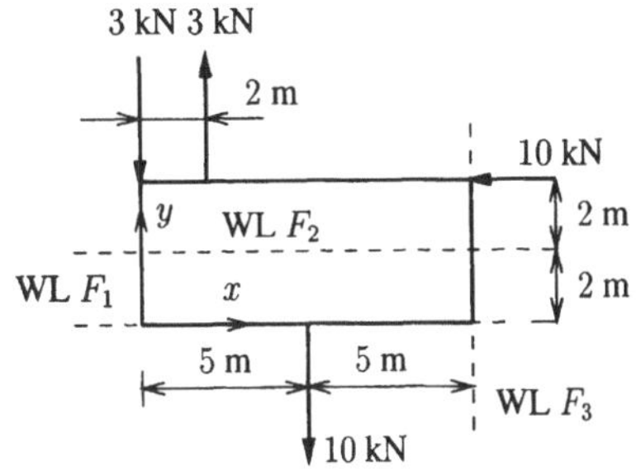

Aufgabe 3.15:

Welchen Betrag und welche Richtung müssen
die Kräfte F_1 bis F_3 haben, damit sich das gegebene System im Gleichgewicht befindet?

Gegeben: $K = 200\,\text{N}$

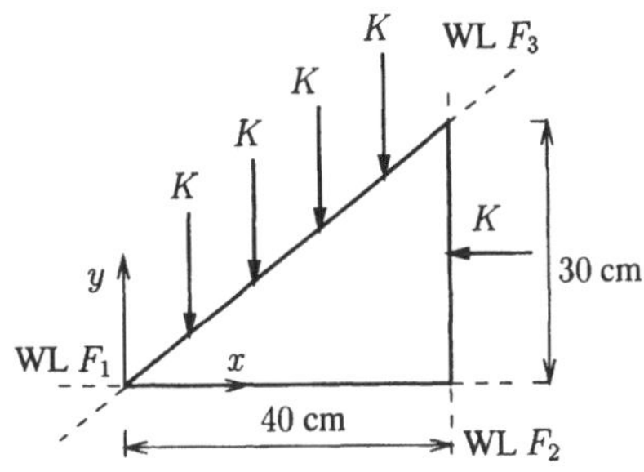

Aufgabe 3.16:

Ein beidseitig offenes dünnwandiges Rohr (Radius R, Gewicht G_1), in dem sich zwei gleiche
homogene Kugeln (Radius r, Gewicht G_2) befinden, steht reibungsfrei auf einer horizontalen
Ebene. Für welches Verhältnis r/R befindet sich
diese Anordnung im Gleichgewicht?

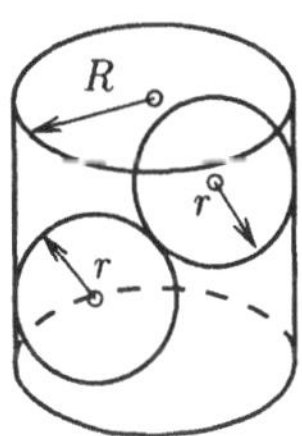

Aufgabe 3.17:

Das folgende räumliche Kräftesystem ist zu reduzieren:

a) auf eine Kraft, die durch den Koordinatenursprung geht und ein Moment,

b) auf die Kraftschraube (Dyname).

Gegeben: $\mathbf{F}_1 \mathrel{\hat{=}} (1, 1, -1)$; $\mathbf{r}_1 \mathrel{\hat{=}} (1, 2, 3)$ (Alle Maßzahlen in [kN] bzw. [m])

$\qquad \mathbf{F}_2 \mathrel{\hat{=}} (3, 2, 4)$; $\mathbf{r}_2 \mathrel{\hat{=}} (-1, 0, 0)$

$\qquad \mathbf{F}_3 \mathrel{\hat{=}} (0, 4, 1)$; $\mathbf{r}_3 \mathrel{\hat{=}} (2, -1, 2)$

$\qquad \mathbf{F}_4 \mathrel{\hat{=}} (-1, 0, 0)$; $\mathbf{r}_4 \mathrel{\hat{=}} (0, 0, 3)$

Aufgabe 3.18:

Wie groß ist das resultierende Moment des gegebenen Kräftesystems in bezug auf
a) den Koordinatenursprung sowie
b) die Achse 1-1

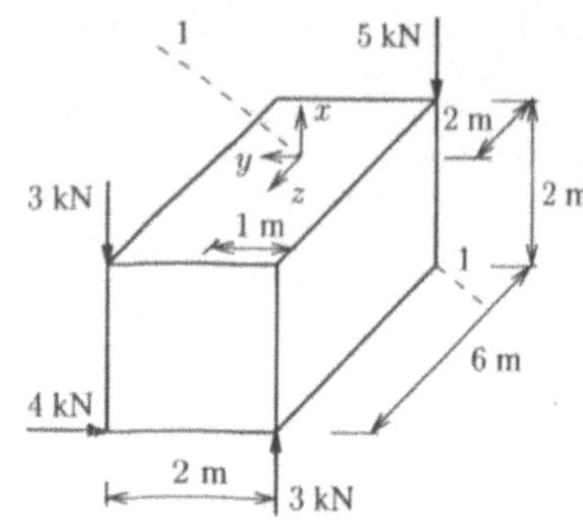

Aufgabe 3.19:

Die unbekannten Kräfte F_1, F_2 und F_3 sind so zu
bestimmen, dass sie mit den gegebenen Kräften
ein Gleichgewichtssystem bilden.

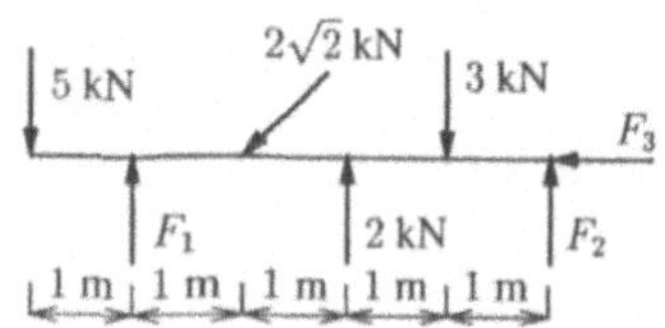

Aufgabe 3.20:

Der nebenstehend abgebildete Kran soll ein Gewicht $G = 5$ kN tragen. Wie groß sind die Kräfte
in den Seilen 1 und 2 sowie die Stabkraft F? (Die
Radien der Rollen dürfen vernachlässigt werden.)

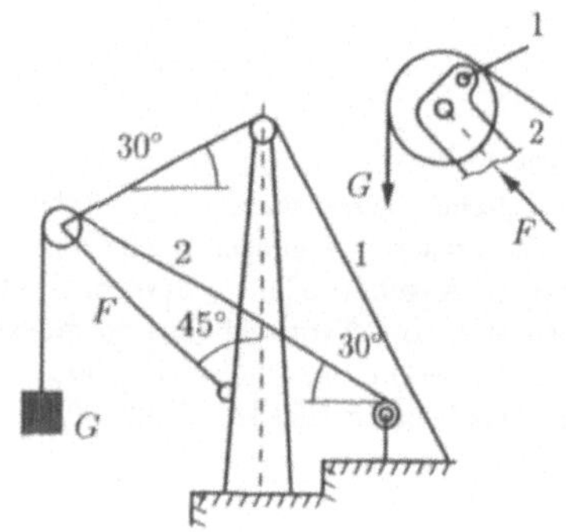

Aufgabe 3.21:

Für die gezeichnete Dezimalwaage ist der Abstand x so zu bestimmen, dass die Wägung von
der Strecke a unabhängig wird. Zeigen Sie, dass
dann genau gilt: $Q = G/10$.

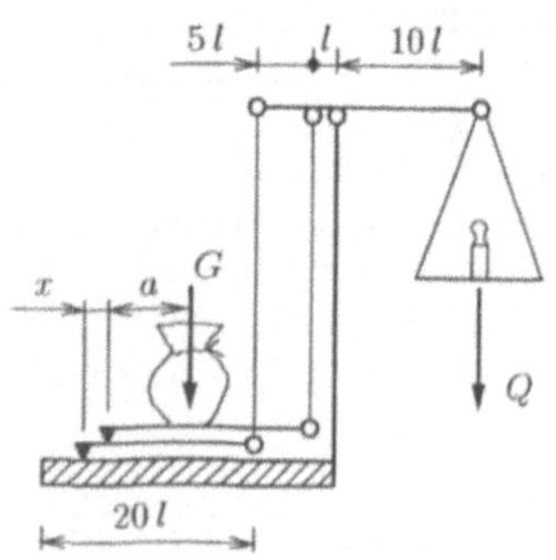

Aufgabe 3.22:

Ein stabförmiger homogener Körper mit der
Länge $l = 6\,\mathrm{m}$ und dem Gewicht $G = 3\,\mathrm{kN}$
stützt sich über zwei Rollen reibungsfrei an den
horizontalen Ebenen einer Öffnung ($h = 0,8\,\mathrm{m}$)
ab und wird von einem an der vertikalen Wand
befestigten Seil gehalten.

a) Bestimmen Sie die Kraft im Seil sowie die
   Normalkräfte N_1 und N_2 für den Winkel $\varphi =
   30°$.

b) Welche Beziehung zwischen $2h/l$ und φ
   muss erfüllt sein, damit Gleichgewicht über-
   haupt möglich ist?

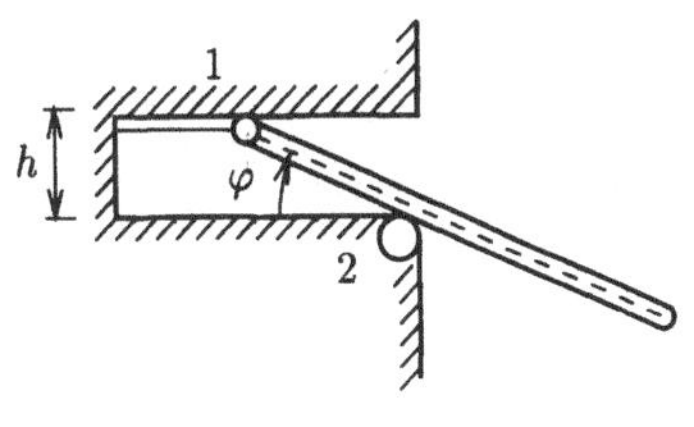

Aufgabe 3.23:

An einem Würfel mit der Kantenlänge a greifen
zwei gegebene Kräfte vom Betrag P und sechs
weitere Kräfte $\mathbf{F}_1$ bis $\mathbf{F}_6$ an, deren Wirkungslinien bekannt sind. Ermitteln Sie $\mathbf{F}_1$ bis $\mathbf{F}_6$ nach
Betrag und Richtung, wenn sich das System im
Gleichgewicht befindet.

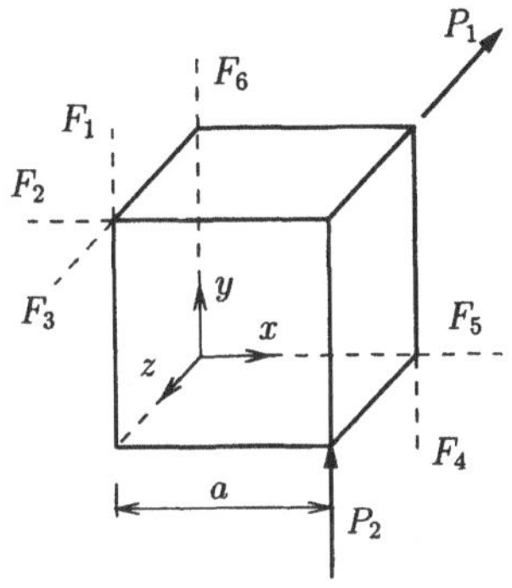

Aufgabe 3.24:

Gegeben sind zwei Kräfte $\mathbf{F}_1$ und $\mathbf{F}_2$ deren Wirkungslinien im Abstand a senkrecht aufeinander
stehen. Das System ist auf eine Kraftschraube zu
reduzieren.

Gegeben: $|\mathbf{F}_1| = 4\,\mathrm{kN}$, $|\mathbf{F}_2| = 3\,\mathrm{kN}$, $a = 5\,\mathrm{m}$

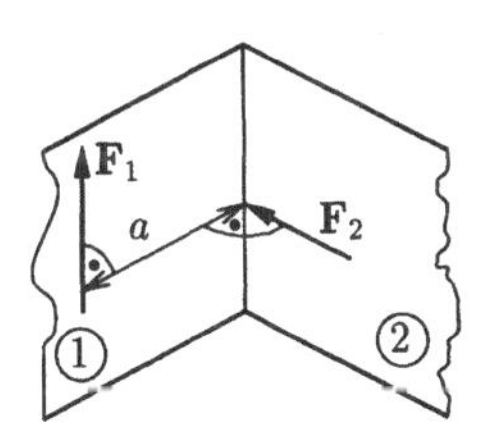

Aufgabe 3.25:

Ein Quader mit den Kantenlängen $a = 3,6$ m, $b = 4,8$ m und $c = 2,5$ m wird durch die Kräfte $\mathbf{F}_1, \mathbf{F}_2$ und $\mathbf{F}_3$ beansprucht. Dieses Kräftesystem ist zu reduzieren:
a) auf eine Kraft, die durch den Punkt C geht und das Moment in bezug auf den Punkt C,
b) auf die Kraftschraube (Dyname).

Gegeben: $|\mathbf{F}_1| = 1,5$ kN; $|\mathbf{F}_2| = 2,0$ kN
$\qquad |\mathbf{F}_3| = 6,5$ kN

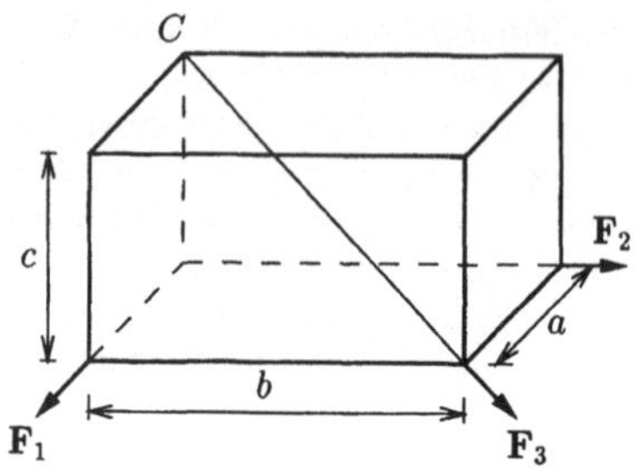

Aufgabe 3.26:

Ein Quader mit der Kantenlänge $a = 1$ m wird durch die Kräfte F_1, F_2, F_3 und ein Moment M beansprucht. Bestimmen Sie die Kräfte A_x, A_y, A_z, B_x, B_z und C_z so, dass der Quader im Gleichgewicht ist.

Gegeben: $F_1 = 1$ kN; $\quad F_2 = 2$ kN;
$\qquad F_3 = 3$ kN; $\quad M = 2$ kNm.

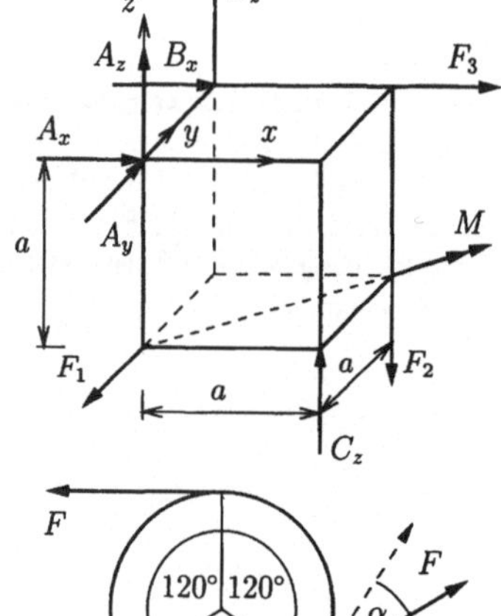

Aufgabe 3.27:

Ein Scheibenkarussell (Radius $r = 4$ m) wird von drei Pferden angetrieben. Jedes Pferd erzeugt eine Zugkraft von $F = 2$ kN. Welche Kraft wird auf die Achse ausgeübt, wenn ein Pferd um den Winkel $\alpha = 30°$ ausschert, und um wie viel Prozent verringert sich dadurch das Antriebsmoment?

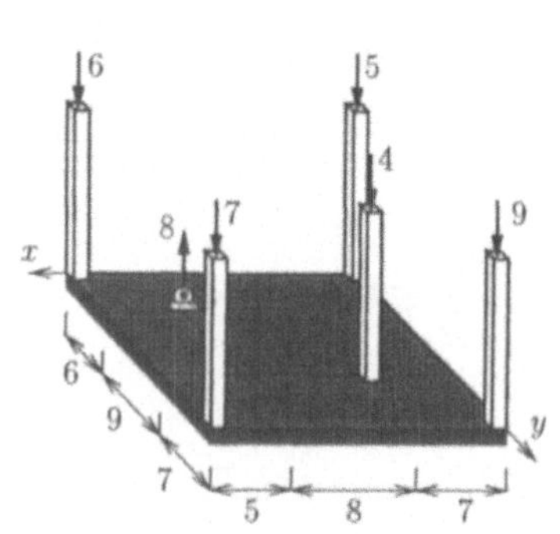

Aufgabe 3.28:

Eine Betonplatte wird durch 6 vertikale Kräfte belastet. Bestimmen Sie die resultierende Kraft dieses Kräftesystems und ihre Wirkungslinie.

Gegeben: $F_1 = 5$ kN; $\quad F_2 = 6$ kN;
$\qquad F_3 = 8$ kN; $\quad F_4 = 7$ kN;
$\qquad F_5 = 4$ kN; $\quad F_6 = 9$ kN.

Aufgabe 3.29:

Das nebenstehende rechteckige Brett ist an drei Seilen aufgehängt. Eine Last **F** greift im Punkt $P(x, y)$ an.

a) Bestimmen Sie die Seilkräfte S_1, S_2, S_3 in Abhängigkeit des Lastangriffspunktes.

b) In welchem Bereich darf **F** höchstens angreifen, damit das Brett nicht kippt?

c) Für welchen Lastangriffspunkt P_0 sind alle Seilkräfte gleich groß?

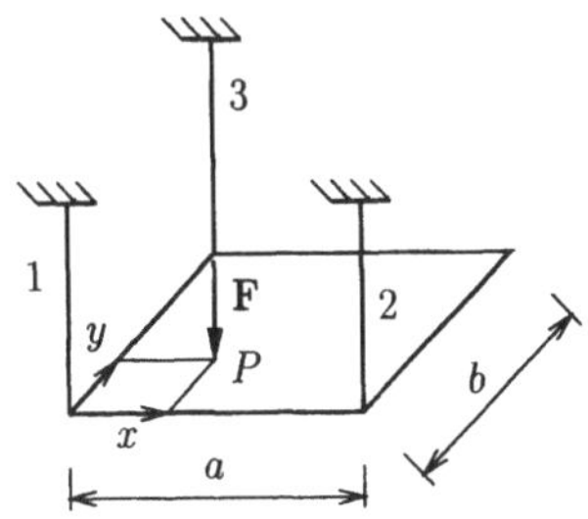

Aufgabe 3.30:

Der Eckpfosten eines Zaunes wird durch zwei Kräfte von je 1 kN beansprucht. Welche Kräfte ergeben sich in den unter 45° geneigten Abstrebungen?

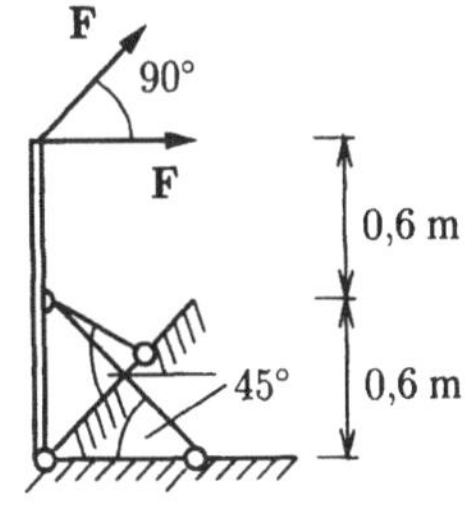

Aufgabe 3.31:

Der drehbar gelagerte Deckel einer Kiste mit dem Gewicht G wird in angegebener Weise durch einen Stab abgestützt. Wie groß wird die Kraft S in diesem Stab?

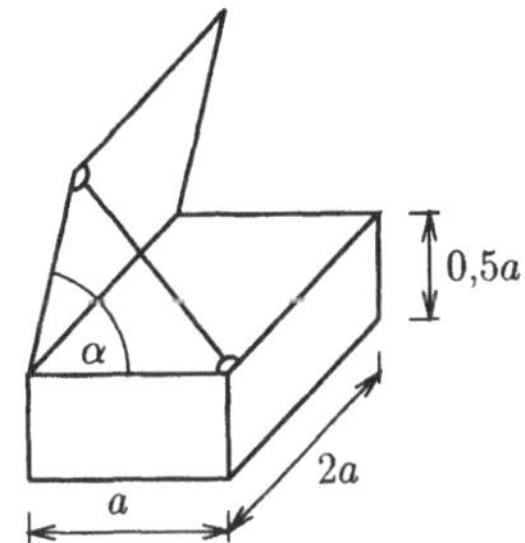

Aufgabe 3.32:

Eine kreisförmige Scheibe mit dem Radius $\frac{l}{2}$ und dem Gewicht G hängt an zwei Seilen der Länge l. Um welches Maß Δh wird die Scheibe angehoben, wenn ein Moment $M = \frac{3}{8} Gl$ an ihr angreift?

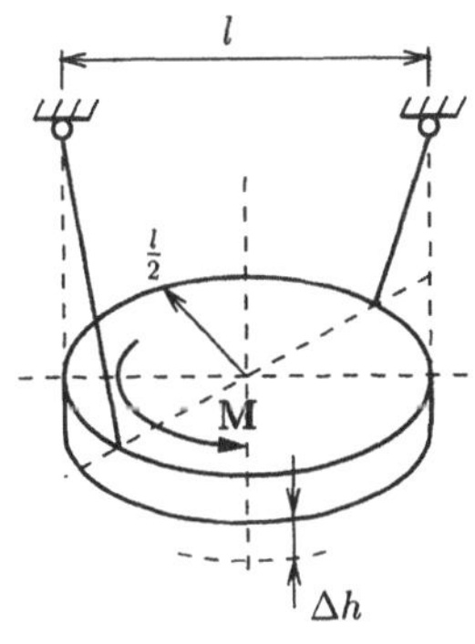

Aufgabe 3.33:

Ein in A gelenkig gelagerter Mast wird im Punkt
B durch eine Kraft $F = 100$ kN beansprucht.
Zwei Seile S_1 und S_2 halten den Mast im Gleichgewicht. Wie groß sind die Seilkräfte S_1 und S_2?

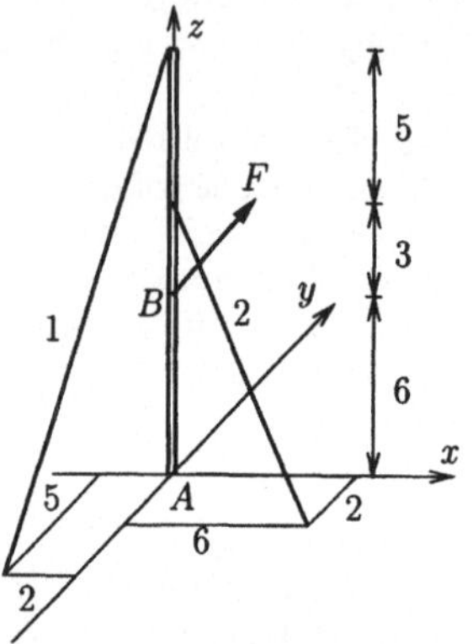

4 Schwerpunkt

4.1 Allgemeines

In der Mechanik betrachten wir Kräfte und Körper – unter dem Einfluss dieser Kräfte. Letztere, d.h. die Körper, besitzen eine Reihe von Eigenschaften, die wir bei der weiteren Behandlung immer wieder benötigen werden. Zu diesen Eigenschaften der Körper, Flächen und Linien zählen z.B. die Körperform, die Massenverteilung im Körper usw. In Band I, Kapitel 7 haben wir diese Eigenschaften mit Hilfe von Verteilungsfunktionen charakterisiert und davon ausgehend die Bezeichnung metrische Größen von Körpern, Flächen und Linien eingeführt.

Von diesen Größen wollen wir im folgenden lediglich die Momente vom Grade 0 sowie vom Grade 1 (Schwerpunkt) behandeln. Auf die Momente vom Grade 2 (Flächen- bzw. Massen-Trägheitsmomente) werden wir im jeweiligen Zusammenhang im 2. bzw. 3. Band dieser Aufgabensammlungen zurückkommen.

In Band I, Abschnitt 7.2 haben wir gezeigt, dass für das Volumen eines Körpers gilt

$$V = \int\limits_V dV \,. \tag{4.1}$$

Entsprechend gilt für seine Masse

$$m = \int\limits_V dm = \int\limits_V \rho(\mathbf{r}) \, dV \tag{4.2}$$

bei gegebener Dichteverteilung $\rho(\mathbf{r})$. Für die Gewichtskraft des Körpers gilt schließlich

$$\mathbf{G} = \int\limits_V \rho(\mathbf{r}) \, \mathbf{g} \, dV \tag{4.3}$$

mit $\mathbf{g}$ der Erdbeschleunigung. Auf gleiche Weise erhalten wir auch

$$A = \int\limits_A dA \,, \qquad L = \int\limits_L ds \tag{4.4}$$

für Flächen und Linien.

Für starre, homogene Körper fallen Schwerpunkt, Massen- und Volumen-Mittelpunkt zusammen

$$\boxed{\mathbf{r}_S = \mathbf{r}_M = \frac{1}{m} \int\limits_V \mathbf{r} \, dm = \frac{1}{V} \int\limits_V \mathbf{r} \, dV} \tag{4.5}$$

(Band I, Sätze 7.1 bzw. 7.3). Entsprechend erhalten wir

$$\boxed{\mathbf{r}_A = \frac{1}{A} \int\limits_A \mathbf{r} \, dA \,, \qquad \mathbf{r}_L = \frac{1}{L} \int\limits_L \mathbf{r} \, ds} \tag{4.6}$$

für Flächen und Linien. Zur Lösung der hierin noch enthaltenen Integrale werden in Band I, Abschnitt 7.3.2 einige allgemeine Angaben gemacht. Für den Fall, dass sich die Körper, Flächen oder Linien aus Teilen mit jeweils bekanntem Mittelpunkt zusammensetzen lassen, können wir diese Integrale wesentlich vereinfachen. Für den gemeinsamen Mittelpunkt zusammengesetzter Flächen z.B. gilt dann

$$\mathbf{r}_A = \frac{1}{A} \int\limits_A \mathbf{r}\, \mathrm{d}A = \frac{\sum\limits_i \mathbf{r}_{A_i} A_i}{\sum\limits_i A_i}\,. \tag{4.7}$$

wobei $\mathbf{r}_{A_i}$ der Ortsvektor zum Mittelpunkt der Teilfläche A_i ist (Band I, Satz 7.5).

Auf die Anwendung des Seileckverfahrens zur Bestimmung der Lage des Gesamt-Schwerpunktes bei vorgegebenen (d.h. bekannten) Teilschwerpunkten wird ausführlich in Band I, Abschnitt 7.3 eingegangen.

Bei Rotationskörpern lassen sich auch einfache Aussagen zur Lage des Schwerpunktes der erzeugenden Bahn-Kurve (L) bzw. Fläche (A) angeben. Sei y der Abstand eines Punktes von der Umdrehungsachse (x-Achse), so können die Schwerpunktsabstände y_S bei bekannter Mantelfläche (A_R) bzw. bei bekanntem Volumen (V_R) des Rotationskörpers mit Hilfe der *Guldin*schen Regeln angegeben werden

$$A_R = 2\pi y_S L\,, \tag{4.8}$$

$$V_R = 2\pi y_S A\,. \tag{4.9}$$

4.2 Beispiele

Aufgabe 4.1:

Bestimmen Sie den Schwerpunkt der skizzierten Flächen.

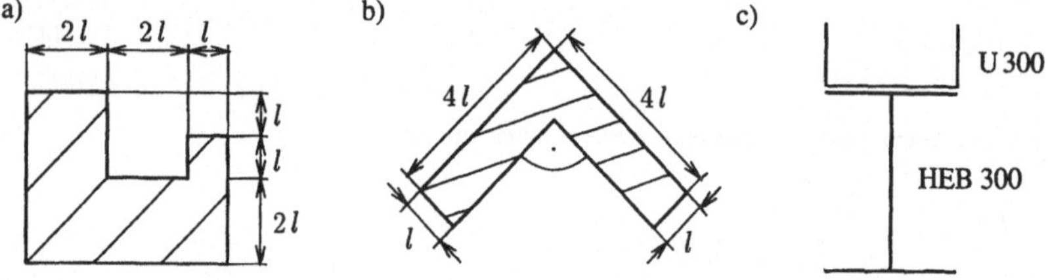

Lösung:

System a)

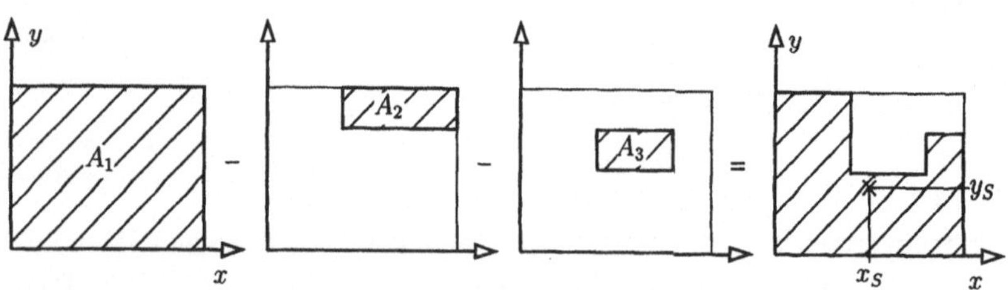

Wir gehen aus von der Beziehung für zusammengesetzte Flächen (4.7) und interpretieren die gegebene Fläche A als Summe aus der Fläche A_1 und den beiden negativen Flächen A_2 und A_3

$$A = A_1 - A_2 - A_3 = 5\,l \cdot 4\,l - 3\,l \cdot l - 2\,l \cdot l = 15\,l^2.$$

Die x-Koordinate des Schwerpunktes erhalten wir dann aus

$$x_S = \frac{\sum_i A_i x_i}{\sum_i A_i} = \frac{A_1 x_1 - A_2 x_2 - A_3 x_3}{A_1 - A_2 - A_3} = \frac{20\,l^2 \cdot 2.5\,l - 3\,l^2 \cdot 3.5\,l - 2\,l^2 \cdot 3\,l}{15\,l^2}$$

$$= \frac{33.5\,l^3}{15\,l^2} = 2.23\,l\,.$$

Entsprechend gilt für die y-Koordinate

$$y_S = \frac{\sum_i A_i y_i}{\sum_i A_i} = \frac{20\,l^2 \cdot 2\,l - 3\,l^2 \cdot 3.5\,l - 2\,l^2 \cdot 2.5\,l}{15\,l^2}$$

$$= \frac{24.5\,l^3}{15\,l^2} = 1.63\,l\,.$$

System b)

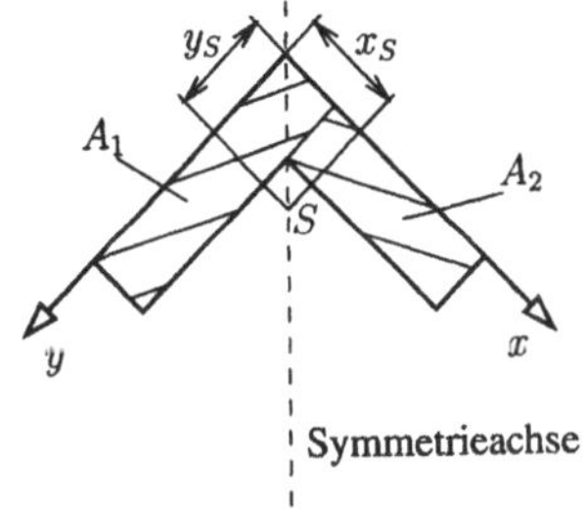

Aus Symmetriegründen ist $y_S = x_S$. Es genügt also, eine Koordinate des Schwerpunktes zu bestimmen

$$x_S = \frac{\sum_i A_i x_i}{\sum_i A_i} = \frac{4\,l^2 \cdot 0.5\,l + 3\,l^2 \cdot 2.5\,l}{4\,l^2 + 3\,l^2}$$

$$= \frac{9.5\,l^3}{7\,l^2} = 1.36\,l\,.$$

System c)

Der Querschnitt ist aus genormten Walzprofilen zusammengesetzt. Zur Berechnung des gemeinsamen Schwerpunktes finden wir für den U 300-Träger in der DIN 1026 und für den HEB 300-Träger in der DIN 1025 Teil 2 die folgenden Daten

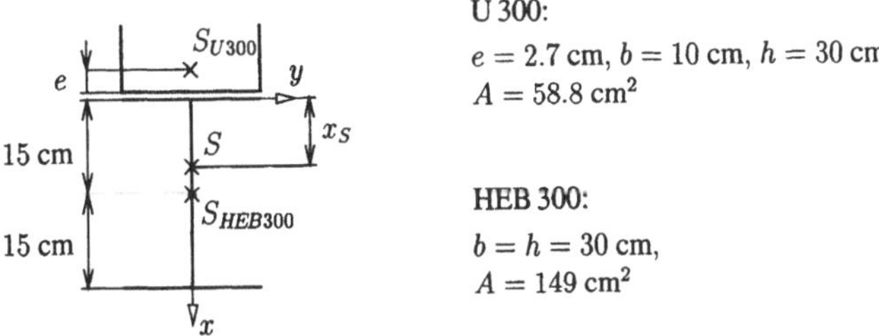

U 300:

$e = 2.7\ \text{cm}$, $b = 10\ \text{cm}$, $h = 30\ \text{cm}$,

$A = 58.8\ \text{cm}^2$

HEB 300:

$b = h = 30\ \text{cm}$,

$A = 149\ \text{cm}^2$

Das gesamte Profil ist symmetrisch bezüglich der x-Achse, daher ist $y_S = 0$. Für die x-Koordinate erhalten wir nach (4.7)

$$x_S = \frac{58.8 \cdot (-2.7) + 149 \cdot 15}{58.8 + 149} = \frac{2076.2}{207.8}$$

$$x_S = 10.0 \ [\text{cm}]$$

Aufgabe 4.2:

Der Schwerpunkt der Halbkreisfläche ist näherungsweise (Streifeneinteilung) und durch exakte
Integration zu bestimmen.

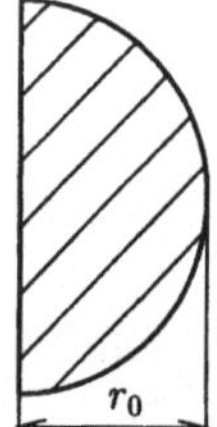

Lösung:

i) näherungsweise Lösung

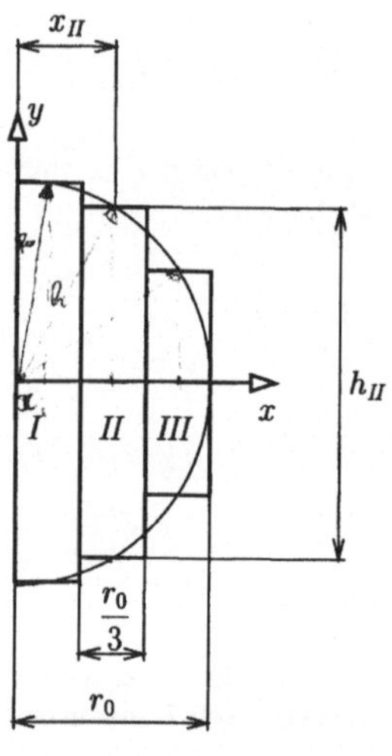

Zur näherungsweisen Lösung wird der Halbkreis in drei gleich
breite Streifen unterteilt, deren jeweilige Schwerpunkte berechnet
und damit der Gesamtschwerpunkt des Ersatzsystems ermittelt.
Aus Symmetriegründen ist $y_S = 0$. Die Schwerpunktslagen der
einzelnen Streifen sind deshalb beschrieben durch

$$x_I = \frac{1}{6}\,r_0; \quad x_{II} = \frac{1}{2}\,r_0; \quad x_{III} = \frac{5}{6}\,r_0 \, .$$

Die Höhe der Streifen wird jeweils so festgelegt, dass sie in der
Mitte gerade die Kreislinie schneiden, d.h.

$$h_i = 2\sqrt{r_0^2 - x_i^2} \quad \text{mit} \quad i = I,II,III \, .$$

Daraus folgt für die Flächen der Streifen

$$A_I = \frac{2}{3}\,r_0^2\,\sqrt{1 - \left(\frac{1}{6}\right)^2}; \quad A_{II} = \frac{2}{3}\,r_0^2\,\sqrt{1 - \left(\frac{1}{2}\right)^2};$$

$$A_{III} = \frac{2}{3}\,r_0^2\,\sqrt{1 - \left(\frac{5}{6}\right)^2} \, .$$

Mit diesen Werten können wir die Gesamtfläche der Streifen zu

$$\sum_i A_i = 1.60 \, r_0^2$$

bestimmen und die Schwerpunktslage zu

$$x_S = \frac{\displaystyle\sum_i x_i A_i}{\displaystyle\sum_i A_i} = 0.44 \, r_0 \, .$$

Die Genauigkeit dieser Näherung lässt sich natürlich noch steigern, indem wir die Anzahl der gewählten Streifen erhöhen.

ii) exakte Lösung, 1. Lösungsweg:

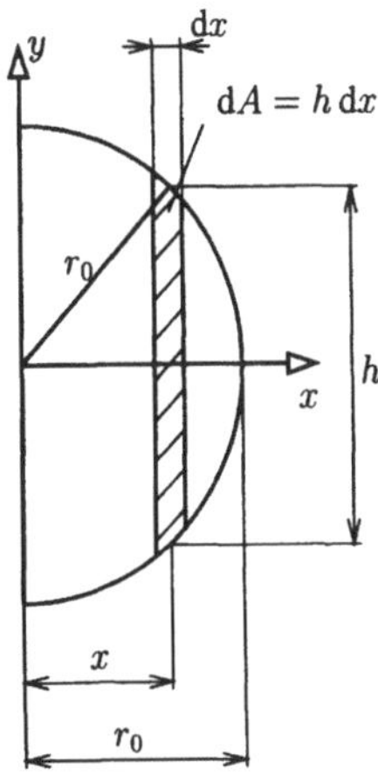

Die Fläche $\mathrm{d}A$ in der Beziehung $(4.6)_1$ wird als Funktion der Variablen x beschrieben und dann über x integriert

$$\mathrm{d}A = h(x)\,\mathrm{d}x = 2\sqrt{r_0^2 - x^2}\,\mathrm{d}x$$

$$x_S = \frac{\int x\,\mathrm{d}A}{\int \mathrm{d}A} = \frac{2}{\pi r_0^2}\int_0^{r_0} x\,2\sqrt{r_0^2 - x^2}\,\mathrm{d}x\,.$$

Für das Integral finden wir (s. Bronstein/Semendjajew, Nr. 214)

$$\int x\sqrt{a^2 - x^2}\,\mathrm{d}x = -\frac{1}{3}\sqrt{(a^2 - x^2)^3}\,.$$

D.h.

$$x_S = \frac{4}{\pi r_0^2}\left(-\frac{1}{3}\sqrt{(r_0^2 - x^2)^3}\right)\Bigg|_0^{r_0}$$

$$= \frac{4}{3\pi}r_0 = 0.42\,r_0\,.$$

2. Lösungsweg:

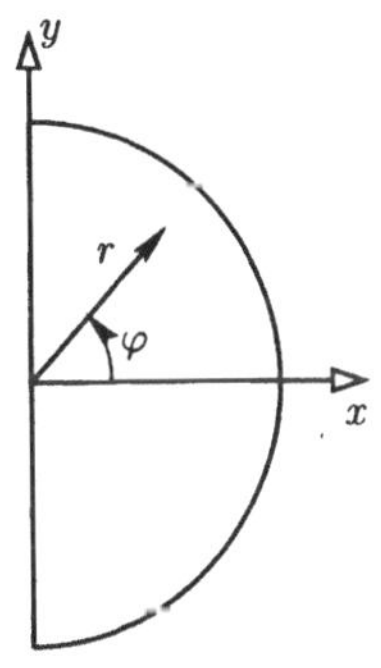

Als Alternative führen wir nun Polarkoordinaten r bzw. φ ein und lösen die in $(4.6)_1$ auftretenden Integrale mit Hilfe der Transformation

$$x = r\cos\varphi,\quad y = r\sin\varphi\,.$$

Das Flächenelement $\mathrm{d}A = \mathrm{d}x\,\mathrm{d}y$ geht dann in Polarkoordinaten über in $\mathrm{d}A = r\,\mathrm{d}r\,\mathrm{d}\varphi$ (s. Bronstein/Semendjajew, S. 386, mit der Funktionaldeterminante $\left|\dfrac{\partial f_i}{\partial x_k}\right| = r$).

Der Schwerpunktsabstand lässt sich auf diese Weise bestimmen zu

$$x_S = \frac{\int x\,\mathrm{d}A}{\int \mathrm{d}A} = \frac{2}{\pi r_0^2}\int_{-\frac{\pi}{2}}^{\frac{\pi}{2}}\int_0^{r_0} r\cos\varphi\, r\,\mathrm{d}r\,\mathrm{d}\varphi$$

$$= \frac{2}{\pi r_0^2}\frac{1}{3}r_0^3\int_{-\frac{\pi}{2}}^{\frac{\pi}{2}}\cos\varphi\,\mathrm{d}\varphi$$

mit demselben Ergebnis wie oben.

3. Lösungsweg:

Gehen wir von der 2. *Guldin*schen Regel aus (4.9), so wird

$$x_S = \frac{V_R}{2\pi A}\,.$$

Bei $V_R = \frac{4}{3}\pi r_0^3$ für das Volumen des bei der Rotation entstehenden Umdrehungskörpers und $A = \frac{1}{2}\pi r_0^2$ für die erzeugende Fläche erhalten wir daraus ebenfalls den oben angegebenen Wert.

Aufgabe 4.3:

Wo liegt der Schwerpunkt des nebenstehenden Rohres?

Gegeben: $r = 24$ cm; $R = 30$ cm; $l = 200$ cm
                $h = 4$ cm; $b = 10$ cm.

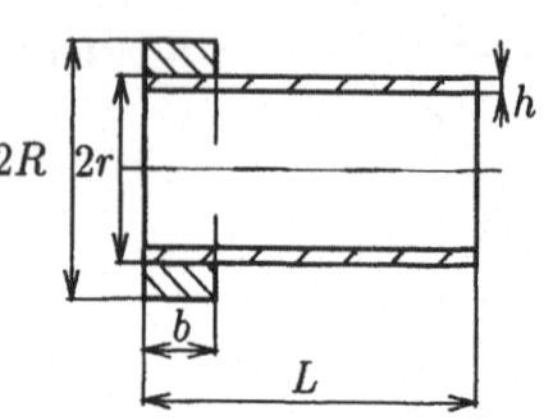

Lösung:

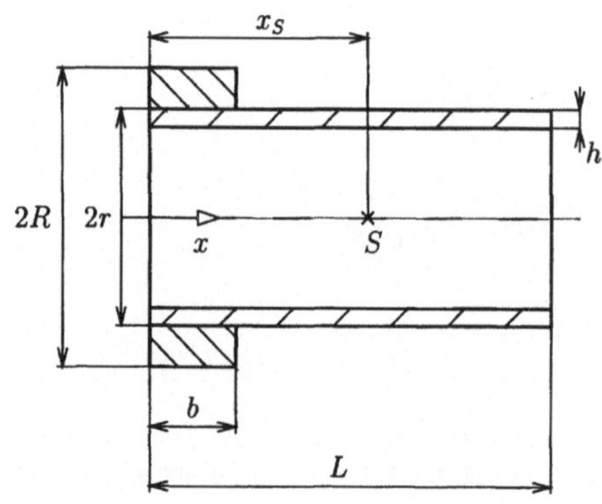

Gemäß den Gleichungen (4.5) bzw. (4.7) gilt für einen zusammengesetzten Körper

$$\mathbf{r}_S = \frac{\sum\limits_i \mathbf{r}_i V_i}{\sum\limits_i V_i} \, .$$

Aus Symmetriegründen befindet sich der Schwerpunkt auf der x-Achse (d.h. es ist $y_S = 0$). Mit den Werten

$$V_1 = \pi(R^2 - r^2)b = 10.18 \cdot 10^3$$

$$x_1 = b/2 = 5$$

$$V_2 = \pi(r^2 - (r-h)^2)\,l = 110.58 \cdot 10^3$$

$$x_2 = l/2 = 100$$

erhalten wir dann aus

$$x_S = \frac{x_1 V_1 + X_2 V_2}{V_1 + V_2} = \frac{1110.93 \cdot 10^4}{120.76 \cdot 10^3}$$

$$x_S = 9.2 \; [\text{cm}]$$

Aufgabe 4.4:

Der Schwerpunkt des dargestellten flächenhaften Körpers ist mit Hilfe des Seileckverfahrens zu bestimmen.

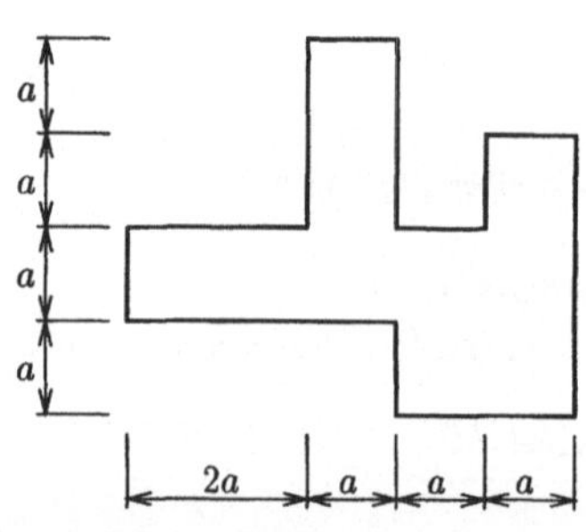

Lösung: Die gegebene Fläche lässt sich aus vier Teilflächen mit bekannten Teilschwerpunkten zusammengesetzt denken. Wir ordnen nun den einzelnen Teilschwerpunkten die jeweiligen Teilflächen als Gewichtskräfte A_i ($i = 1$ bis 4) zu und bestimmen die Lage des Schwerpunktes der gesamten Fläche durch die jeweilige Lage der Resultierenden. Dabei machen wir Gebrauch von der in Band I, Abschnitt 7.3.1 behandelten Methode zur Herleitung der Lage des Schwerpunktes und bestimmen S als Schnittpunkt der beiden Resultierenden. Wir lesen ab

$$b_S = 3a; \quad h_S = 1.7a$$

(gemessen von der linken bzw. der unteren Kante des Körpers).

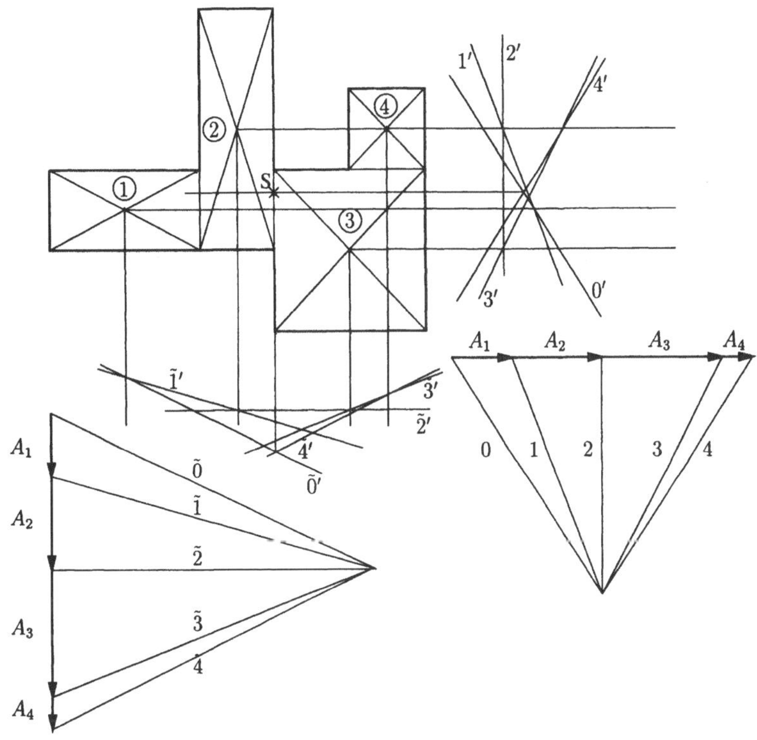

4.3 Aufgaben

Aufgabe 4.5:

Der nebenstehende rotationssymmetrische Körper
wird an zwei Seilen aufgehängt. Man misst die
Seilkräfte $S_1 = 50\,\text{kN}$ und $S_2 = 70\,\text{kN}$. Wo liegt
der Schwerpunkt des Körpers?

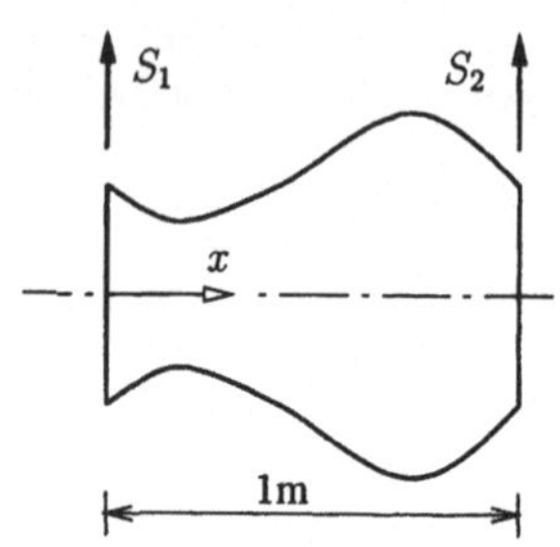

Aufgabe 4.6:

Bestimmen Sie den Schwerpunkt der skizzierten
Pleuelstange

Gegeben:

$b\ = 20$ mm; $e\ = 5$ mm; $L = 120$ mm;

$c_1 = 25$ mm; $c_2 = 15$ mm;

$d_1 = 35$ mm; $d_2 = 20$ mm;

$D_1 = 50$ mm; $D_2 = 30$ mm.

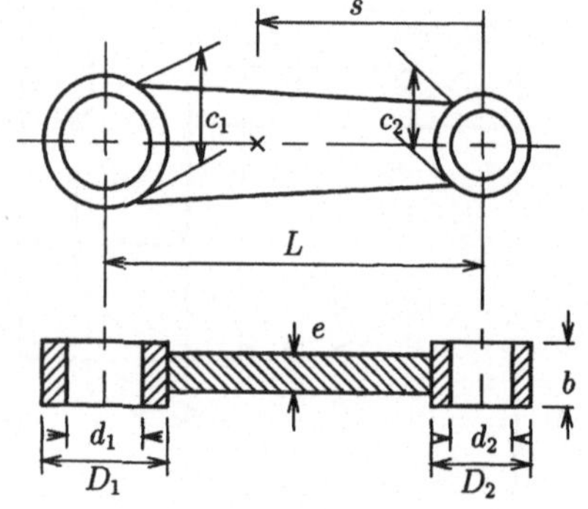

Aufgabe 4.7:

Bestimmen Sie die Abstände a und b des Flächen-
schwerpunktes.

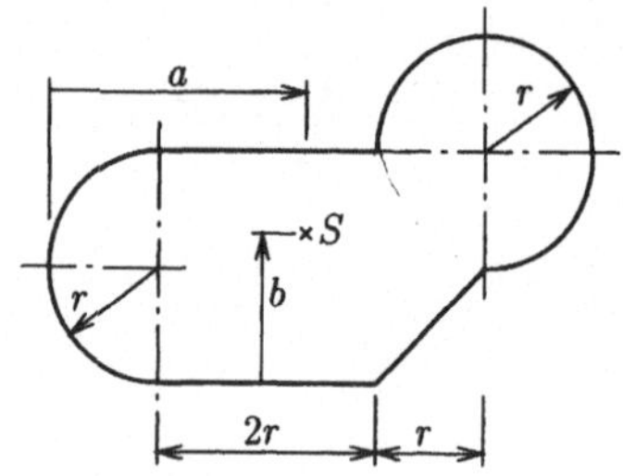

Aufgabe 4.8:

In welchem Abstand a vom linken Rand des skizzierten Stabholzes befindet sich der Schwerpunkt?

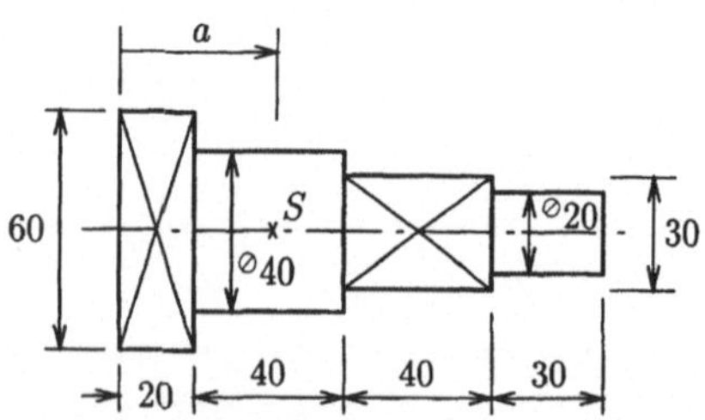

Aufgabe 4.9:

Welche Schwerpunktkoordinaten hat der nebenstehend gezeichnete dünne gebogene Draht?
(Der Kreisbogen liegt in der z-y-Ebene)

Gegeben: $r = 80$ mm

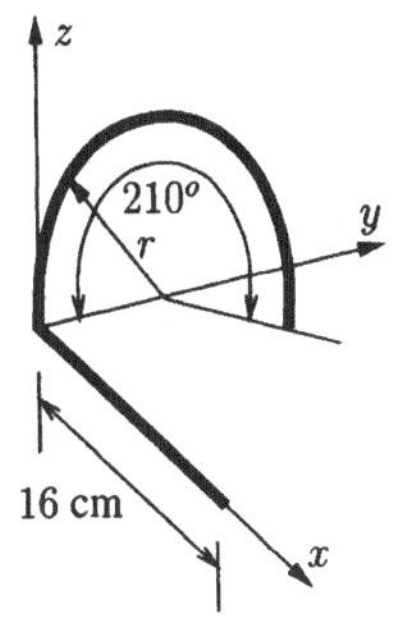

Aufgabe 4.10:

Bestimmen Sie die Schwerpunktslage des skizzierten gleichschenkligen Dreiecks.

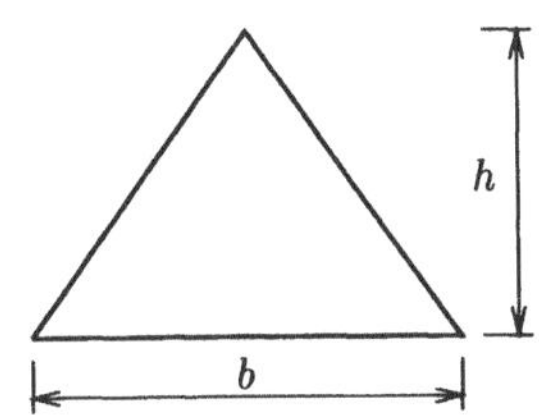

Aufgabe 4.11:

Eine kreisförmige Scheibe enthält ein rechteckiges
Loch und zwei Bohrungen ($d = 10\,\text{mm}$). Bestimmen Sie den Durchmesser d_1 und den Winkel φ
einer dritten Bohrung auf dem Radius $R = 60\,\text{mm}$
so, dass der Schwerpunkt der Scheibe mit dem
Kreismittelpunkt 0 zusammenfällt.

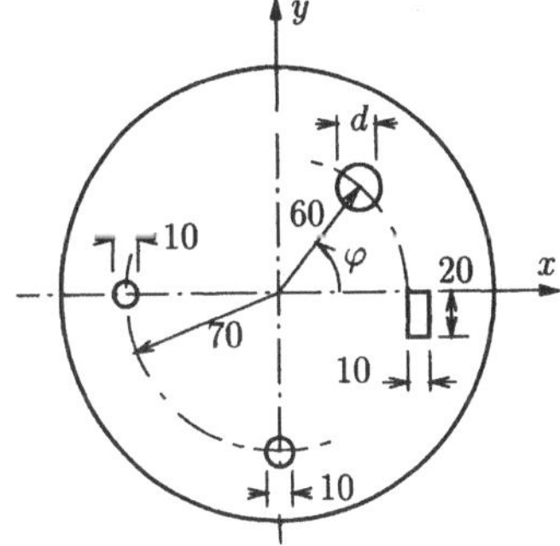

Aufgabe 4.12:

Zeigen Sie, dass der Schwerpunkt eines beliebigen Dreiecks mit den Eckpunkten (x_1,y_1), (x_2,y_2) und
(x_3,y_3) durch

$$x_S = \frac{1}{3} \sum_{i=1}^{3} x_i, \quad y_S = \frac{1}{3} \sum_{i=1}^{3} y_i$$

angegeben werden kann.

Aufgabe 4.13:

Die Abbildung zeigt eine Plattform, die fahrbar an
einer Schiene hängt. In welchen Abstand x von der
Lotrechten durch den Aufhängepunkt muss eine
Masse $m = 24\,\mathrm{kg}$ gelegt werden, wenn die beladene Plattform horizontal bleiben soll.

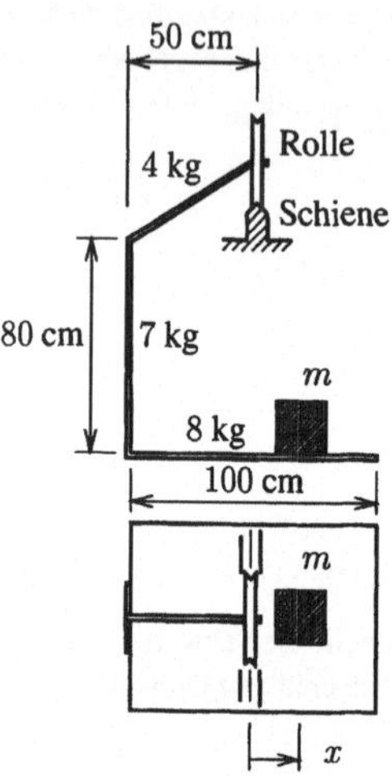

5 Der gestützte Körper

5.1 Befreiungsprinzip

In der Statik betrachten wir starre Körper, die durch kinematische Bindungen in ihrer Bewegungsmöglichkeit eingeschränkt sind. Diese Bindungen nennen wir Auflager.

An den Stellen, an denen der Körper kinematischen Bindungen unterworfen ist, werden infolgedessen Kräfte, so genannte Reaktions- oder Auflagerkräfte, auf den Körper ausgeübt; und zwar entspricht jeder kinematischen Bindung eine unabhängige Reaktionskraft (siehe Band I, Abschnitt 8.1).

Zur Bestimmung der unbekannten Auflagerkräfte denken wir uns alle Bindungen gelöst (Befreiungsprinzip) und an ihrer Stelle die jeweils zugehörigen Auflagerkräfte angetragen. Die Größe dieser Auflagerkräfte bestimmen wir dann mit Hilfe der Gleichgewichtsbedingungen.

5.2 Haftreibung

Die auf den Körper wirkenden Kräfte können wir zerlegen in eine
- Normalkraft N senkrecht zur Tangentialebene des Körpers und eine
- Tangentialkraft T in der Tangentialebene.

Wird diese Tangentialkraft über Reibung aufgenommen, so ist zu beachten, dass Reibungskräfte nicht beliebig groß werden können, d.h. durch

$$|T| \leqslant \mu_0 N, \quad N > 0 \tag{5.1}$$

ist die Größe der Tangentialkraft nach oben hin begrenzt. Darin ist μ_0 der so genannte Haftreibungskoeffizient.

Überschreitet die tangentiale Reaktionskraft die Haftgrenze

$$|T| = \mu_0 N, \tag{5.2}$$

so wird die Bindung in dieser Richtung aufgehoben und es tritt tangentiales Gleiten ein.

5.3 Kinematische und statische Bestimmtheit

Im Bereich der Statik erwarten wir, dass das System der Auflager-Reaktionen mit der Belastung des Körpers ein Gleichgewichtssystem bilden kann. Gehen wir davon aus, dass ein ungebundener Körper den Freiheitsgrad $\lambda = 6$ (bei ebenen Systemen $\lambda = 3$) besitzt, so können wir den Grad der statischen Unbestimmtheit a mit Hilfe des Kriteriums

$$a = \begin{cases} r - 6 + \lambda & \text{für räumliche Systeme} \\ r - 3 + \lambda & \text{für ebene Systeme}. \end{cases} \tag{5.3}$$

ermitteln. Dabei kennzeichnet λ den Freiheitsgrad des Systems oder den Grad der kinematischen Unbestimmtheit und r gibt die Anzahl der kinematischen Bindungen bzw. Auflager-Reaktionen an. Für kinematisch bestimmte und vollzählige Systeme ($\lambda = 0$) vereinfacht sich (5.3) zu

$$a = \begin{cases} r - 6 & \text{für räumliche Systeme} \\ r - 3 & \text{für ebene Systeme}. \end{cases} \tag{5.4}$$

d.h. dass bei statisch bestimmten Systemen ($a = 0$) 6 bzw. 3 kinematische Bindungen vorliegen müssen.

5.4 Systeme von Körpern

Systeme von Körpern entstehen durch Zusammenfügen einzelner Körper. Je nach verwendeter kinematischer Bindung wird dabei die relative Bewegungsmöglichkeit zwischen den Körpern eingeschränkt. Für jeden abgebauten Freiheitsgrad der Relativbewegung haben wir auf der anderen Seite eine Zwischenreaktion z zu berücksichtigen. Zur Beurteilung des Grades der statischen Unbestimmtheit a tritt deshalb an die Stelle des Kriteriums (5.3)

$$a = \begin{cases} r + z - 6n + \lambda & \text{bei räumlichen Systemen} \\ r + z - 3n + \lambda & \text{bei ebenen Systemen}, \end{cases} \tag{5.5}$$

wobei n die Anzahl der starren Teilkörper angibt.

5.5 Beispiele

Aufgabe 5.1:

Bestimmen Sie die eingezeichneten unbekannten Kräfte und Momente, die das gegebene Kräftesystem im Gleichgewicht halten.

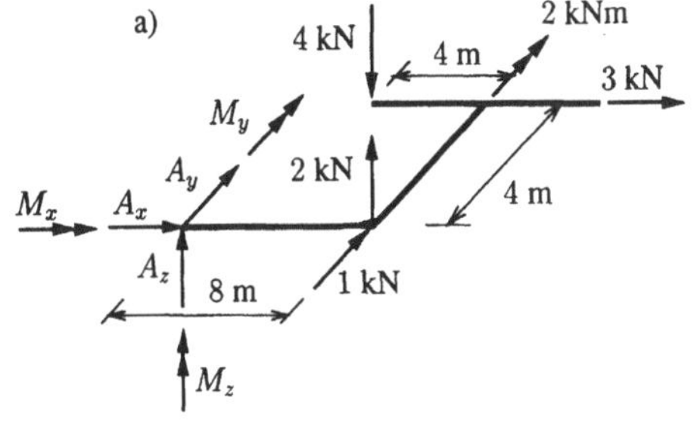
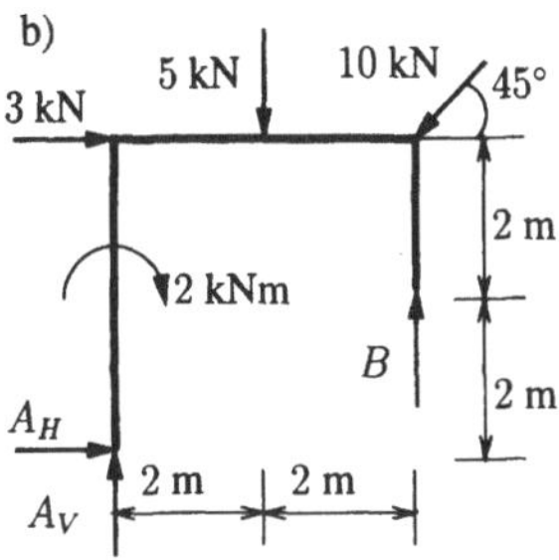

Lösung:

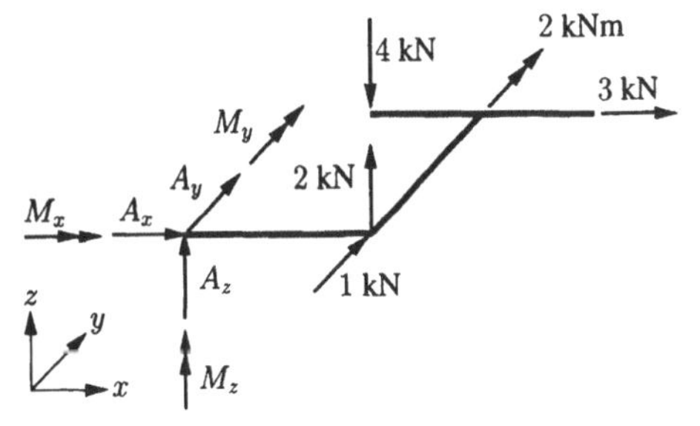

System a):

Es handelt sich um ein räumliches System mit einer festen Einspannung und den zugehörigen 6 unbekannten Auflagerkräften (Band I, Tabelle 8.3). Wir führen ein kartesisches Bezugssystem ein und bilden entsprechend (3.9) die Gleichgewichtsbedingungen:

$$\sum_i F_{ix} = 0 = A_x + 3\,\text{kN} \qquad\Rightarrow\quad A_x = -3\,\text{kN}$$

$$\sum_i F_{iy} = 0 = A_y + 1\,\text{kN} \qquad\Rightarrow\quad A_y = -1\,\text{kN}$$

$$\sum_i F_{iz} = 0 = A_z + 2\,\text{kN} - 4\,\text{kN} \qquad\Rightarrow\quad A_z = 2\,\text{kN}$$

$$\sum_i M_{ix} = 0 = M_x - 4\,\text{m} \cdot 4\,\text{kN} \qquad\Rightarrow\quad M_x = 16\,\text{kNm}$$

$$\sum_i M_{iy} = 0 = M_y - 2 \cdot 8\,\text{kNm} + 4 \cdot 4\,\text{kNm} + 2\,\text{kNm} \qquad\Rightarrow\quad M_y = -2\,\text{kNm}$$

$$\sum_i M_{iz} = 0 = M_z + 1 \cdot 8\,\text{kNm} - 3 \cdot 4\,\text{kNm} \qquad\Rightarrow\quad M_z = 4\,\text{kNm}.$$

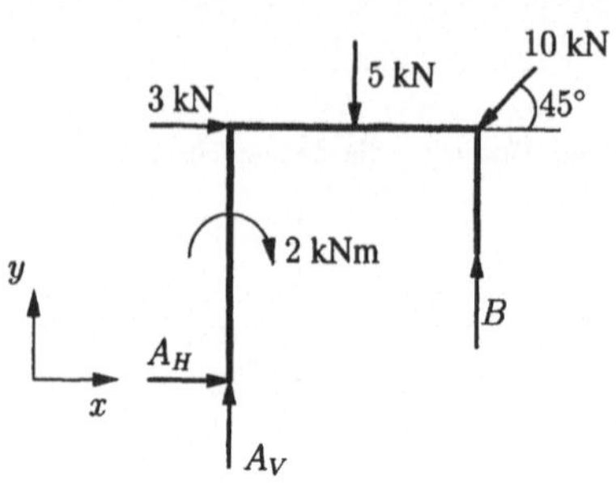

System b):

Es handelt sich um ein ebenes und in seiner Ebene belastetes System mit einem festen und einem verschieblichen Auflager. Dementsprechend treten $2 + 1 = 3$ unbekannte Auflagerkräfte auf (Band I, Tabelle 8.2). Wir führen ein kartesisches Bezugssystem ein und bilden entsprechend (3.8) die Gleichgewichtsbedingungen, wobei wir als Bezugspunkt für das Momentengleichgewicht den Punkt a wählen.

$$\rightarrow \quad \sum_i F_{ix} = 0 = A_H + 3\ \text{kN} - 5\sqrt{2}\ \text{kN} \qquad \Rightarrow \quad A_H = 4{,}07\ \text{kN}$$

$$\curvearrowright \quad \sum_i M_{iz(a)} = 0 = (2 + 3 \cdot 4 + 5 \cdot 2 - A_V \cdot 4)\ \text{kNm} \qquad \Rightarrow \quad B = 6{,}00\ \text{kN}$$

$$\rightarrow \quad \sum_i F_{iy} = 0 = A_V + B - 5\sqrt{2}\ \text{kN} - 5\ \text{kN} \qquad \Rightarrow \quad A_V = 6{,}07\ \text{kN}.$$

Aufgabe 5.2:

Bestimmen Sie die Auflagerreaktionen der angegebenen ebenen Systeme.

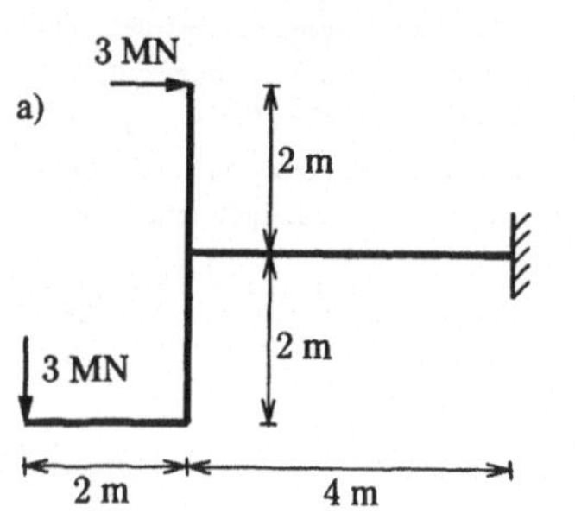

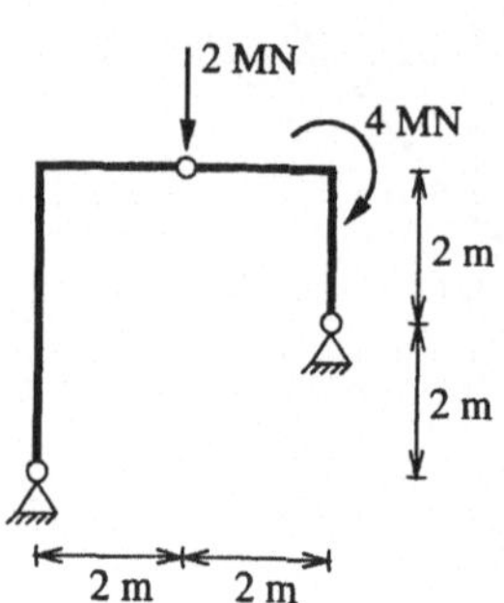

Lösung:

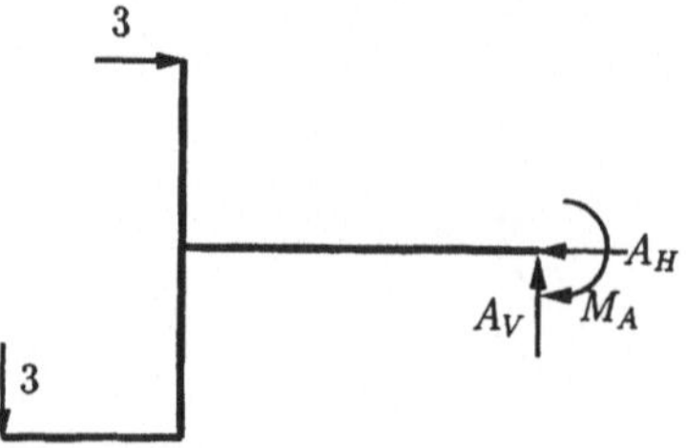

System a):

Entsprechend der Wertigkeit der festen Einspannung führen wir 3 unbekannte Reaktionen ein. Die Gleichgewichtsbedingungen liefern, wenn wir als Bezugspunkt für das Momentengleichgewicht die Einspannung wählen

$$\rightarrow \quad \sum_i F_{iH} = 0 = 3\,\text{kN} - A_H \qquad\qquad \Rightarrow \quad A_H = 3\,\text{kN}$$

$$\downarrow \quad \sum_i F_{iV} = 0 = 3\,\text{kN} - A_V \qquad\qquad \Rightarrow \quad A_H = 3\,\text{kN}$$

$$\curvearrowright \quad \sum_i M_{iE} = 0 = M_A + (3\cdot 2 - 3\cdot 6)\,\text{kNm} \qquad \Rightarrow \quad M_A = 12\,\text{kNm}\,.$$

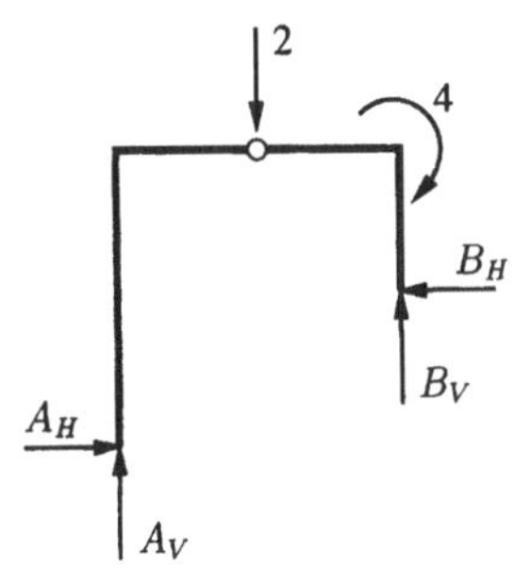

System b):

Es handelt sich um einen Dreigelenkrahmen bestehend aus zwei Teilen mit Zwischengelenk und zwei festen Auflagern und dementsprechend 4 unbekannten Reaktionen.

$$\rightarrow \quad \sum_i F_{iH} = 0 = A_H - B_H \qquad\qquad \Rightarrow \quad A_H = B_H \tag{1}$$

$$\downarrow \quad \sum_i F_{iV} = 0 = 2\,\text{kN} - A_V - B_V \qquad \Rightarrow \quad A_V = 2\,\text{kN} - B_V \tag{2}$$

$$\curvearrowright \quad \sum_i M_{igr} = 0 = 4\,\text{kNm} + (B_H - B_V)\cdot 2\,\text{m} \qquad \Rightarrow \quad B_V = B_H + 2\,\text{kN} \tag{3}$$

$$\curvearrowright \quad \sum_i M_{igl} = 0 = A_V \cdot 2\,\text{m} - A_H \cdot 4\,\text{m} \qquad \Rightarrow \quad A_V = 2 A_H\,. \tag{4}$$

Das sind vier Gleichungen für die vier unbekannten Größen. Wir eliminieren nun der Reihe nach A_H, A_V und B_V mit Hilfe der Gleichungen (1), (4) bzw. (3) und erhalten dann:

$$A_H = A_V = B_H = 0; \quad B_V = 2\,\text{kN}\,.$$

Aufgabe 5.3:

Die folgenden Systeme sind auf statische Bestimmtheit zu untersuchen.

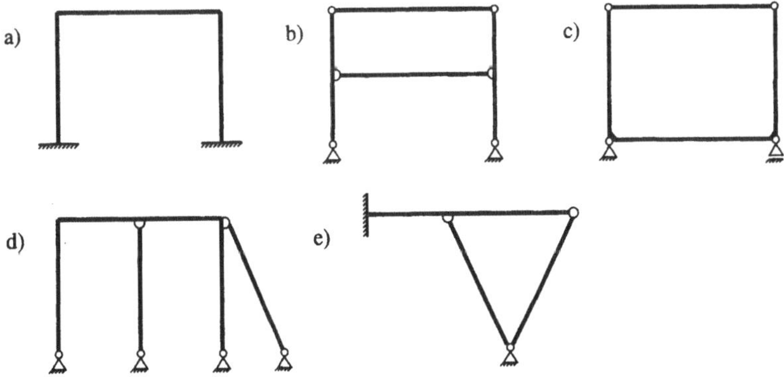

Lösung: Das Gesamtsystem ist jeweils in den Gelenken zu durchschneiden bzw. so zu schneiden, dass einfach zusammenhängende Teilsysteme entstehen. Wenden wir nun das Abzählkriterium (5.5) an und berücksichtigen dabei die Anzahl der durch die Schnitte entstandenen Teilsysteme (n) und Zwischenreaktionen (z) zwischen den Teilsystemen sowie die Anzahl der Auflagerreaktionen (r), so gilt:

System a)

Das System ist kinematisch bestimmt ($\lambda = 0$). Wir schneiden es in der Mitte und erhalten auf diese Weise 2 Teilsysteme und 3 Zwischenreaktionen, d.h.

$$a = 2 \cdot 3 + 3 - 3 \cdot 2 + 0 = 3.$$

Das System ist also 3-fach statisch unbestimmt.

System b)

Das System besitzt einen Freiheitsgrad der Bewegung (Horizontalbewegung der Riegel bzw. Drehung der Stiele um die Lager), d.h. das System ist 1-fach kinematisch unbestimmt ($\lambda = 1$). Wir schneiden in den Gelenken und erhalten 4 Teilsysteme und 4·2 Zwischenreaktionen

$$a = 2 \cdot 2 + 4 \cdot 2 - 3 \cdot 4 + 1 = 1.$$

Das System ist demzufolge auch 1-fach statisch unbestimmt.

In der Praxis ist es häufig üblich, nur mit vereinfachten Abzählkriterien der Art (5.4) zu arbeiten, in denen kinematische Bestimmtheit ($\lambda = 0$) vorausgesetzt wird. Die Anwendung eines solchen Kriteriums würde hier auf das Ergebnis $a = 0$ führen, also den falschen Eindruck eines statisch bestimmten Systems vermitteln.

System c)

Das System ist kinematisch bestimmt ($\lambda = 0$). Wir schneiden den oberen Riegel heraus und erhalten

$$a = 3 + 2 \cdot 2 - 3 \cdot 2 + 0 = 1.$$

Das System ist 1-fach statisch unbestimmt.

System d)

Das System ist 3-fach statisch unbestimmt.

System e)

Das System ist 2-fach statisch unbestimmt.

Aufgabe 5.4:

Eine Leiter (Gewicht G, Länge l) steht auf glattem Boden und lehnt an einer rauen Wand (μ_0). An ihrem Fußpunkt wird sie durch ein Seil mit einer Zugkraft S gehalten. Bestimmen Sie

a) die Grenzen von S innerhalb derer Gleichgewicht möglich ist,

b) bei festem $S = G/2$ die Grenzen von α.

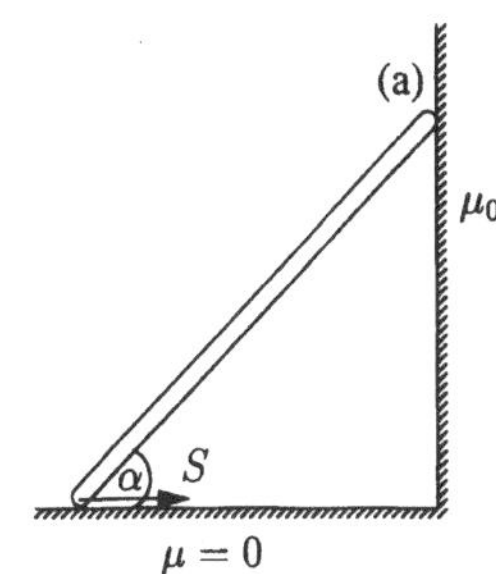

Lösung:

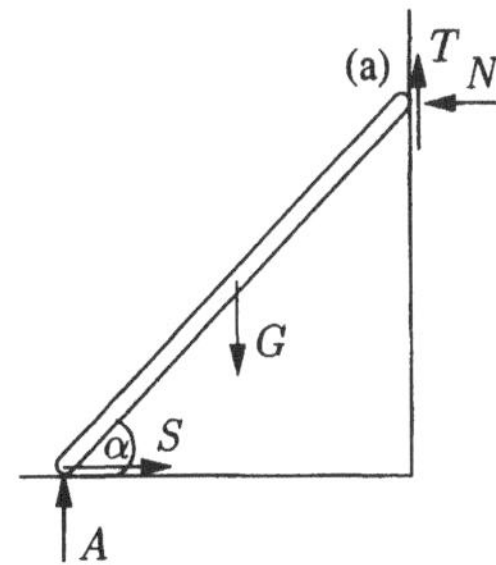

Die Gleichgewichtsbedingungen für das System liefern uns drei Gleichungen

$$\sum_i M_{ia} = 0: \quad A = \frac{G}{2} + S\tan\alpha$$

$$\sum_i H_i = 0: \quad N = S$$

$$\sum_i V_i = 0: \quad T = G - A = \frac{G}{2} - S\tan\alpha.$$

Zusätzlich gilt zwischen T und N die Haftbedingung (5.1)

$$|T| \leqslant \mu_0 N \quad \Rightarrow \quad \left| \frac{G}{2} - S\tan\alpha \right| \leqslant \mu_0 S.$$

Je nach Vorzeichen von T, d.h. je nachdem ob sich die Leiter in a abwärts oder aufwärts bewegen möchte, haben wir unterschiedliche Vorzeichen der linken Seite der Haftbedingung zu beachten.

1. $T > 0: \quad \dfrac{G}{2} \leqslant S(\mu_0 + \tan\alpha)$,

2. $T < 0: \quad \dfrac{G}{2} \geqslant S(\tan\alpha - \mu_0)$.

Daraus erhalten wir schließlich die Lösungen:
Für den Teil a)

$$\frac{G}{2} \frac{1}{\tan\alpha + \mu_0} \leqslant S \leqslant \frac{G}{2} \frac{1}{\tan\alpha - \mu_0}.$$

Für den Teil b) ersetzen wir in der Haftbedingung $S = G/2$ und erhalten unmittelbar

$$\mu_0 \geqslant |1 - \tan\alpha|.$$

Setzen wir hier noch den gegebenen Zahlenwert für μ_0 ein, so erhalten wir schließlich die folgenden Grenzen für α:

$$33{,}69° \leqslant \alpha \leqslant 53{,}13°.$$

Aufgabe 5.5:

Eine zylindrische Walze (Gewicht G) berührt in den Punkten A und B den Boden und eine senkrechte Wand. In beiden Punkten herrsche Haftreibung ($\mu_0 = 0{,}3$). Wie groß darf ein an der Walze angreifendes Moment werden, ohne dass sie rutscht?

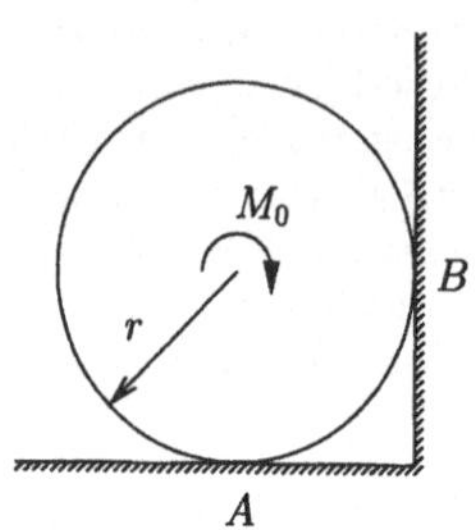

Lösung:

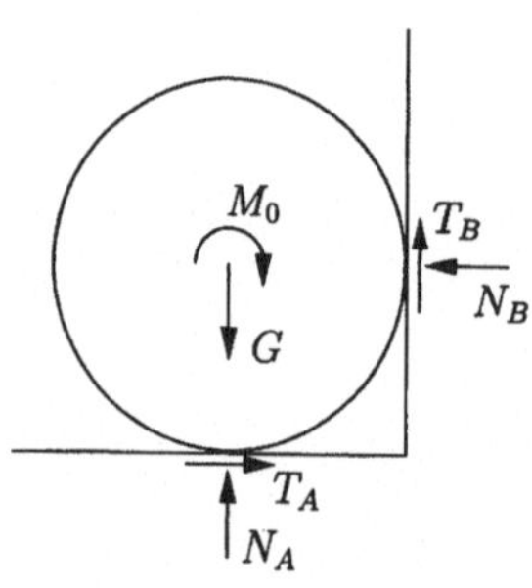

An den Berührstellen A und B treten insgesamt 4 unbekannte Kräfte auf. Das System ist damit eigentlich statisch unbestimmt. Dennoch gelingt es uns, Grenzen für die in dem Problem auftretenden Kraftgrößen anzugeben. Aus den Gleichgewichtsbedingungen erhalten wir

$$\curvearrowright \sum_i M_{iA} = 0 = M_0 - T_B r - N_B r \tag{1}$$

$$\rightarrow \sum_i F_{iH} = 0 = T_A - N_B \qquad \Rightarrow N_B = T_A \tag{2}$$

$$\downarrow \sum_i F_{iV} = 0 = G - N_A - T_B \qquad \Rightarrow N_A = G - T_B \tag{3}$$

Wir benutzen diese Ergebnisse dazu, N_A, N_B sowie T_B zu eliminieren und erhalten aus (1)

$$T_B = \frac{M_0}{r} - T_A \,.$$

Zusätzlich gelten in A wie in B je eine Haftbedingung

$$|T_A| \leqslant \mu_0 N_A \quad \rightarrow \quad |T_A| \leqslant \mu_0 \left(G - \frac{M_0}{r} + T_A \right)$$

$$|T_B| \leqslant \mu_0 N_B \quad \rightarrow \quad \left| \frac{M_0}{r} - T_A \right| \leqslant \mu_0 T_A \,.$$

Die Walze ist ein starrer Körper, d.h. die Vorzeichen von T_A und T_B bzw. ihr Richtungssinn ändern sich gleichzeitig. Aus der Kontaktbedingung $(5.1)_2$ für B, $N_B > 0$, können wir nun wegen (2) jedoch folgern, dass T_A seine Richtung nicht ändern darf. Dies muss dann auch für T_B gelten. Beide Haftbedingungen bleiben damit auf ihre positiven Äste beschränkt.

$$T_A(1 - \mu_0) \leqslant \mu_0 \left(G - \frac{M_0}{r} \right)$$

bzw.

$$\frac{M_0}{r} \leqslant T_A(1 + \mu_0) \,.$$

Fassen wir diese beiden Ungleichungen zusammen, so erhalten wir

$$\frac{M_0}{r} \frac{1}{1 + \mu_0} \leqslant \frac{\mu_0}{1 - \mu_0} \left(G - \frac{M_0}{r} \right)$$

und schließlich

$$\frac{M_0}{r} \leqslant \frac{\mu_0(1 + \mu_0)}{1 + \mu_0^2} G \,.$$

5.6 Aufgaben

Aufgabe 5.6:
Bestimmen Sie die Auflagerreaktionen der folgenden Systeme.

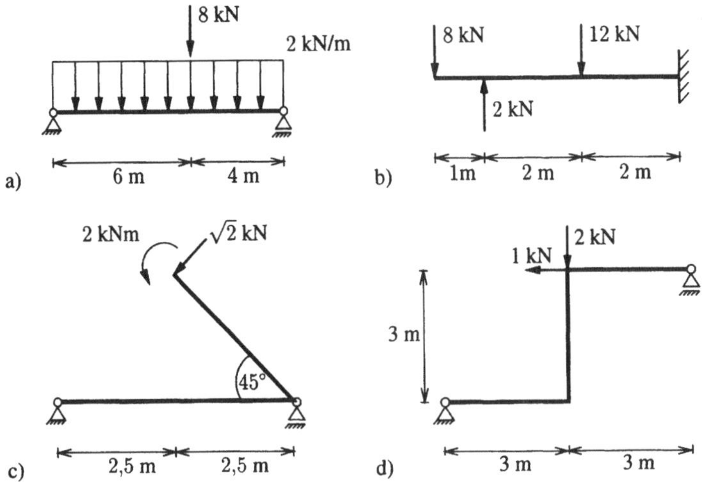

Aufgabe 5.7:
Für das räumlich gestützte System sind die Auflagerreaktionen unter der angegebenen Belastung zu berechnen.

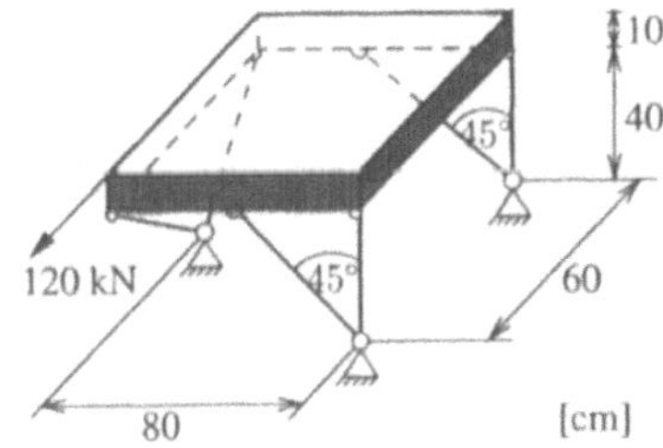

Aufgabe 5.8:
Bestimmen Sie die Auflagerkräfte als Funktionen des Parameters x und stellen Sie diese graphisch dar (im Bereich $0 \leqslant x \leqslant 2l$).

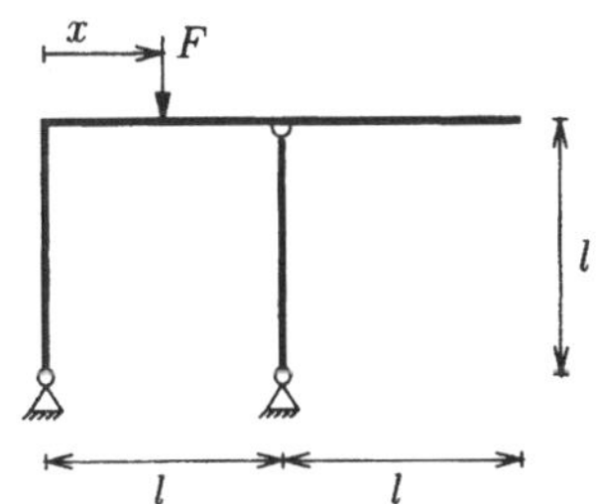

Aufgabe 5.9:

Geben Sie die Auflagerkräfte des dargestellten Systems in Abhängigkeit von der Drehung des rechten Auflagers an.

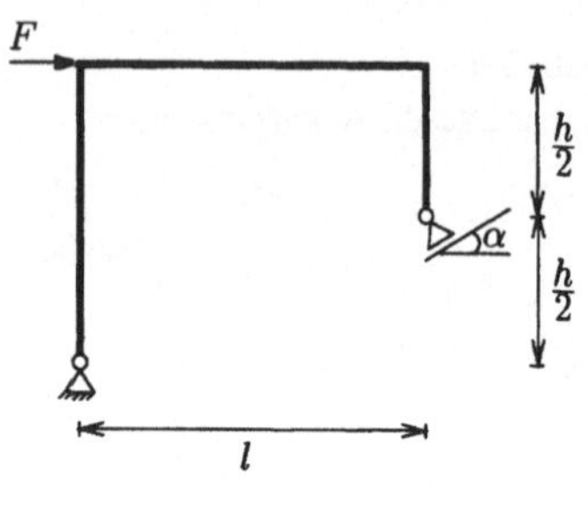

Aufgabe 5.10:

In welchem Bereich darf das Gewicht G_2 variieren, wenn die nebenstehende Anordnung in Ruhe verbleiben soll? Die Rolle sei reibungsfrei und masselos.

Gegeben: $G_1 = 600\,\text{N}$, $\mu_0 = 0{,}3$, $\alpha = 20°$

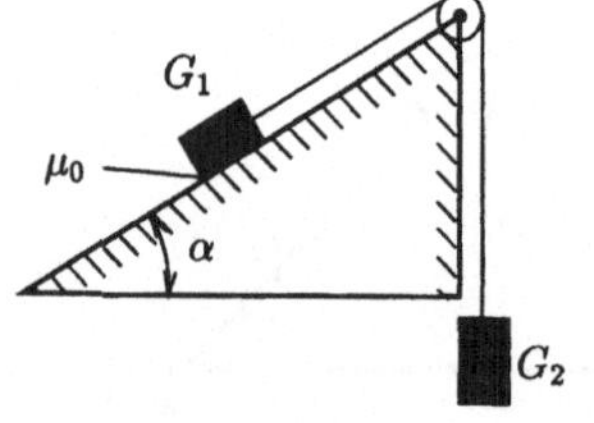

Aufgabe 5.11:

Unter welchem Winkel α ist für die gezeichnete Brettlage (Gewicht G) Gleichgewicht möglich?

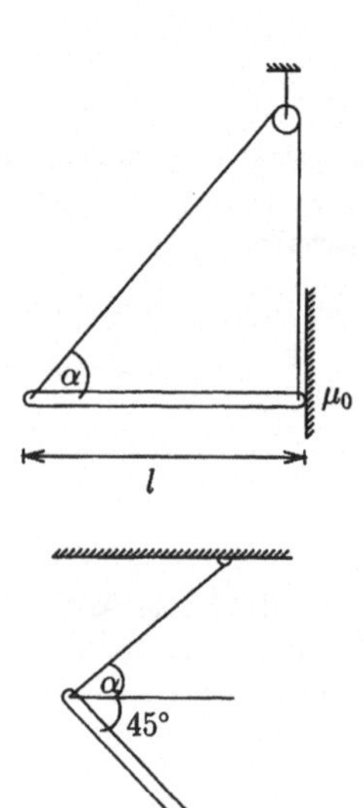

Aufgabe 5.12:

Ein Stab (Gewicht G, Länge l) soll durch Befestigung an der Decke mit Hilfe eines Fadens in der angegebenen Lage gehalten werden. Bestimmen Sie die Grenzen für α, innerhalb derer dies möglich ist.

Gegeben: $\mu_0 = 1/3$

Aufgabe 5.13:

Die nebenstehende Leiter (Gewicht G, Länge l) ist an eine Wand gelehnt. Der Haftreibungskoeffizient Wand-Leiter sei μ_W, der Haftreibungskoeffizient Leiter-Boden μ_B. Für welche Winkel α ist Gleichgewicht möglich?

Gegeben: $\mu_W = 0{,}6$ $\mu_B = 0{,}5$

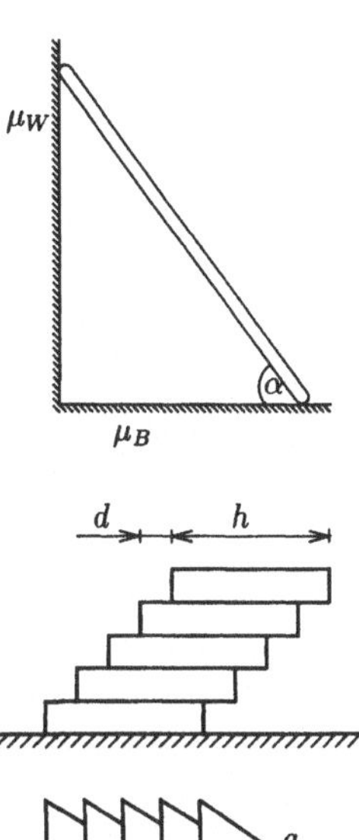

Aufgabe 5.14:

Dreieckförmige Platten mit der Kantenlänge a werden um die Strecke d versetzt aufeinander gestapelt. Wie viele Platten kann man auf diese Weise maximal stapeln, ohne dass der Stapel umkippt?

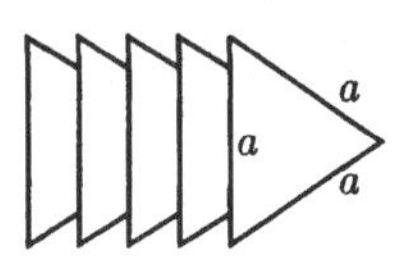

6 Schnittgrößen, Zustandslinien

6.1 Schnittprinzip

Sind die Lagerreaktionen eines gestützten Körpers ermittelt und damit die angreifenden Kräfte bekannt, können wir dasselbe Verfahren (Schnittprinzip, Gleichgewichtsbildung) auch benutzen, um die im Inneren des Körpers wirkenden Kräfte, die Schnittgrößen, zu bestimmen (Band I, Satz 9.1).

Die an dem durch Freischneiden entstandenen Teilkörper angreifenden Kräfte setzen sich dabei zusammen aus:

- eingeprägten Kräften (Belastung)
- Lagerreaktionen und
- Schnittgrößen.

Zusammen müssen sie ein Gleichgewichtssystem bilden. Die Ermittlung dieser Schnittgrößen stellt die eigentliche Kernaufgabe der Statik dar.

Dazu reduzieren wir zunächst den Körper auf seine Balkenachse, d.h. den geometrischen Ort der Schwerpunkte aller Querschnittsflächen. Je nach Form der dabei entstandenen Balkenachse unterscheiden wir zwischen

- geraden Stäben – bei (bereichsweise) gerader Balkenachse – und
- gekrümmten Stäben.

In der Praxis lassen sich noch weitergehende Unterscheidungen treffen. Liegt die Balkenachse (gerade oder gekrümmt) in einer Ebene, sprechen wir von ebenen Systemen. Entsprechend können auch die eingeprägten Kräfte und die Lagerreaktionen in einer Ebene liegen (Lastebene). Wir unterscheiden also

- ebene Systeme, in ihrer Ebene belastet (Systemebene und Lastebene fallen zusammen)
- ebene Systeme, senkrecht zu ihrer Ebene belastet (Systemebene und Lastebene stehen senkrecht aufeinander) und
- allgemein räumliche Systeme.

In einem beliebigen Schnitt hängen die Schnittgrößen vom Ort des Schnittes und der Schnittrichtung ab. Die Schnitte sind deshalb stets senkrecht zur Balkenachse zu führen. Die Schnittgrößen selbst sind dann jeweils dem entsprechenden Punkt der Balkenachse zugeordnet.

Bei geraden Stäben wollen wir wie folgt verfahren: Wir führen ein kartesisches Koordinatensystem ein, dessen x-Achse jeweils mit der Balkenachse zusammenfalle. Wir schneiden den Balken und erzeugen dadurch ein positives und ein negatives Schnittufer (Band I, Abschnitt 9.2). Als positiv bezeichnen wir dabei das Schnittufer, dessen (stets nach außen gerichtete) Flächennormale mit der x-Richtung zusammenfällt.

Im Fall allgemein räumlicher Systeme haben wir dann mit 6 Schnittgrößen zu rechnen

N : Normalkraft in x-Richtung

Q_y : Querkraft in y-Richtung

Q_z : Querkraft in z-Richtung

M_T : Torsionsmoment um die x-Achse

M_y : Biegemoment um die y-Achse

M_z : Biegemoment um die z-Achse

Diese Schnittgrößen können wir am positiven wie auch am negativen Schnittufer eines jeden Schnittes antragen. Für die Vorzeichenregelung gilt, dass die Schnittgrößen dann positiv sind, wenn sie an positiven Schnittufern in positiver Koordinatenrichtung bzw. an negativen Schnittufern in negativer Koordinatenrichtung zeigen (Band I, Def. 9.1).

Bei in ihrer Ebene belasteten ebenen Systemen können wir eine vereinfachte Bezeichnungsweise benutzen. Zusätzlich zur x-Achse führen wir lediglich eine gestrichelte Zone ein, die die positive Richtung der z-Achse (bzw. der y-Achse) ersetzt. Die Anzahl der Schnittgrößen verringert sich auf drei:

- N,Q,M.

Gesucht werden die Bilder der Schnittgrößen als Funktionen der Koordinate x, die Zustandslinien. Sie lassen sich stets durch Freischneiden an einer beliebigen Stelle x und anschließende Gleichgewichtsbildung an einem der dabei entstandenen Teilsysteme ermitteln. Auf diese Weise können wir auch die Anfangs- und Endwerte für jeden Bereich bestimmen.

Entsprechendes gilt auch für gekrümmte Stäbe (siehe Band I, Abschnitt 9.2).

6.2 Differentialbeziehungen

Eine alternative Methode zur Bestimmung der Zustandslinien geht von einem durch zwei Schnitte freigelegten Balkenelement der Länge dx aus. Dieses Element hat dann ein positives und ein negatives Schnittufer mit infinitesimal unterschiedlichen Schnittgrößen. Durch Bildung des Gleichgewichtes aller an dem Element angreifenden Kräfte und Momente (einschließlich der verteilt angreifenden Belastungen) erhalten wir dann Differentialgleichungen zur Bestimmung der Schnittgrößen

$$
\boxed{
\begin{aligned}
N(x)' &= -n(x) \\[2mm]
Q(x)' &= -q(x) \\[2mm]
M(x)' &= Q(x) - m(x) \,,
\end{aligned}
}
\tag{6.1}
$$

z.B. bei in ihrer Ebene belasteten ebenen Systemen (Band I, Satz 9.5). Hierin lassen sich die beiden letzten Gleichungen noch zusammenfassen zu einer Differentialgleichung für M

$$
\boxed{ M(x)'' = -q(x) - m(x)' \,. }
\tag{6.2}
$$

Entsprechend erhalten wir

$$
\boxed{
\begin{aligned}
N(\varphi)' &= -\frac{Q(\varphi)}{R(\varphi)} - n(\varphi) \\[3mm]
Q(\varphi)' &= \frac{N(\varphi)}{R(\varphi)} - q(\varphi) \\[3mm]
M(\varphi)' &= Q(\varphi) - m(\varphi)
\end{aligned}
}
\tag{6.3}
$$

für in ihrer Ebene belastete eben gekrümmte Systeme (Band I, Satz 9.6). Der $(\cdot)'$ kennzeichnet dabei jeweils die Ableitung nach der Koordinate in Achsrichtung x bzw. s. Bei gekrümmten Stäben gibt $R(\varphi)$ im übrigen den jeweiligen Krümmungsradius an.

Durch Integration der Differentialgleichungen (6.1) und (6.2) (bei $m(x) = 0$)

$$
\begin{aligned}
N(x) &= N(0) - \int_0^x n(\xi)\,\mathrm{d}\xi \\[2ex]
Q(x) &= Q(0) - \int_0^x q(\xi)\,\mathrm{d}\xi \\[2ex]
M(x) &= M(0) + \int_0^x Q(\xi)\,\mathrm{d}\xi \\[2ex]
&= M(0) + Q(0)\,x - \int_0^x \int_0^x q(\xi)\,\mathrm{d}\xi\,\mathrm{d}\xi\,.
\end{aligned}
\tag{6.4}
$$

und Verwendung der mit Hilfe des Schnittprinzips ermittelten Rand- und Übergangsbedingungen lassen sich die Funktionen der Schnittgrößen ebenfalls angeben. Die Differential- und Integralbeziehungen können darüber hinaus auch benutzt werden, um eine Reihe hilfreicher Kontrollmöglichkeiten zur Angabe der Zustandslinien zu entwickeln (siehe Band I, Abschnitt 9.4).

6.3 Systeme von Körpern

In Abschnitt 5.4 haben wir gesehen, dass Systeme von Körpern durch das Zusammenfügen einzelner Körper entstehen. Bei diesem Zusammenfügen können auch sog. geschlossene Systeme oder Systemteile entstehen (siehe Band I, Abschnitt 10.3), deren Behandlung erfahrungsgemäß einige Schwierigkeiten bereitet. Notwendig für die statische Bestimmtheit solch geschlossener Systemteile ist jedoch, dass ausreichend Freiheitsgrade der Relativbewegung zwischen den Teilen verbleiben.

So gilt z.B., dass ein geschlossener statisch bestimmter Rechteckrahmen stets drei Gelenke enthalten muss, so dass immer ein gerader Stabzug zwischen zwei Gelenken liegt. Ohne äußere Lasten können in einem solchen Stab aber nur Normalkräfte auftreten. Wir nennen einen solchen Stab deshalb auch einen Fachwerkstab. Ein Schnitt durch diesen Stab sowie durch das dritte Gelenk und anschließendes Momentengleichgewicht um dieses Gelenk erlauben es dann, die in dem Fachwerkstab vorhandene Normalkraft zu bestimmen. Auf diese Weise gelingt es stets, aus dem geschlossenen System wieder einen offenen Stabzug zu machen.

6.4 Beispiele

Aufgabe 6.1:

Bestimmen Sie die Auflagerreaktionen und Zustandslinien der dargestellten Systeme.

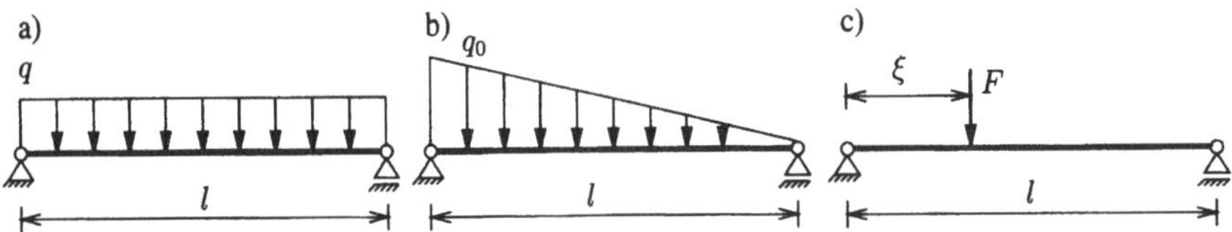

Lösung: Bei den dargestellten Systemen handelt es sich in allen drei Fällen um statisch bestimmt gelagerte Balken auf zwei Stützen.

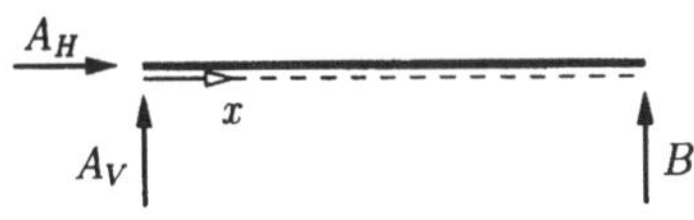

Entsprechend Band I, Tabelle 8.2 führen wir als unbekannte Auflagerkräfte die Reaktionen A_H, A_V und B ein. Zur Festlegung eines geeigneten Koordinatensystems führen wir ferner eine x-Achse sowie eine gestrichelte Zone ein.

1. System a)

Auflagerberechnung:

Wir bestimmen die Auflagerreaktionen mit Hilfe der Gleichgewichtsbedingungen für das Gesamtsystem.

$$\rightarrow \sum_i F_{iH} = 0 = A_H \qquad\qquad \Rightarrow A_H = 0$$

$$\curvearrowright \sum_i M_{iA} = 0 = \int_0^l qx\,\mathrm{d}x - Bl \qquad \Rightarrow B = \frac{1}{2}ql$$

$$\uparrow \sum_i F_{iV} = 0 = A_V - \int_0^l q\,\mathrm{d}x + B \qquad \Rightarrow A_V = ql - B = \frac{1}{2}ql\,.$$

Kontrolle:

$$\curvearrowright \sum_i M_{iB} = 0 = A_V l - \int_0^l q(l-x)\,\mathrm{d}x = \frac{1}{2}ql^2 - ql^2 + \frac{1}{2}ql^2 = 0\,.$$

Dabei merken wir an, dass die Streckenlast $q(x) = $ konst. alternativ auch durch eine statisch äquivalente resultierende Einzelkraft $R = ql$ mit dem Angriffspunkt (Schwerpunktsabstand der verteilten Last) $x^* = \frac{l}{2}$ ersetzt werden kann.

Zustandslinien:

Wir führen einen Schnitt an einer beliebigen Stelle x des Balkens mit $0 \leqslant x \leqslant l$ und tragen die Schnittgrößen unter Beachtung der Vorzeichenregel an.

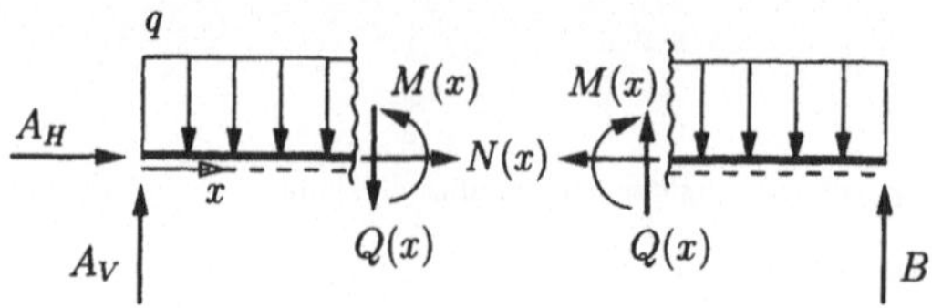

Für das freigeschnittene linke Teilsystem wird nun das Gleichgewicht der an diesem Teil angreifenden Kräfte und Momente gebildet. Auf diese Weise lassen sich die unbekannten Schnittgrößen berechnen.

$$\rightarrow \sum_i F_{iH} = 0 = A_H + N(x) \qquad\qquad \Rightarrow N(x) = -A_H = 0$$

$$\uparrow \sum_i F_{iV} = 0 = A_V - \int_0^x q\,\mathrm{d}\xi - Q(x) \qquad \Rightarrow Q(x) = \frac{1}{2}ql - qx = q\left(\frac{l}{2} - x\right)$$

$$\curvearrowright \sum_i M_{ix} = 0 = A_V x - \int_0^x q(x - \xi)\,\mathrm{d}\xi - M(x) \quad \Rightarrow M(x) = \frac{1}{2}qlx - \frac{1}{2}qx^2 = \frac{1}{2}qx(l - x).$$

Wir merken abermals an, dass die Streckenlast auch durch eine statisch äquivalente Einzellast $R_1(x)$ $= qx$ mit dem Angriffspunkt $x_1 = \frac{x}{2}$ ersetzt werden kann.

Alternativer Lösungsweg:

Wir gehen aus von den Integralbeziehungen für in ihrer Ebene belastete ebene Systeme (6.4). Mit $n(x) = 0\,, q(x) = q = $ konst. erhalten wir daraus

$$N(x) = N(0)$$

$$Q(x) = Q(0) - \int_0^x q\,\mathrm{d}\xi = Q(0) - qx$$

$$M(x) = M(0) + Q(0)x - \int_0^x \int_0^x q\,\mathrm{d}\xi\,\mathrm{d}\xi = M(0) + Q(0)x - \frac{1}{2}qx^2\,.$$

Die erforderlichen Randbedingungen lassen sich mit Hilfe des Schnittprinzips bestimmen. Dazu führen wir einen Schnitt an der Stelle $x = 0$.

Die Gleichgewichtsbedingungen für das freigeschnittene Teilsystem liefern dann

$$\rightarrow \sum_i F_{iH} = 0 \quad \Rightarrow N(0) = -A_H = 0$$

$$\uparrow \sum_i F_{iV} = 0 \quad \Rightarrow Q(0) = A_V = \frac{1}{2}ql$$

$$\curvearrowright \sum_i M_{i0} = 0 \quad \Rightarrow M(0) = 0\,.$$

Damit ergeben sich dieselben Lösungen für die Schnittgrößen.

Darstellung der Zustandslinien:

Zur Darstellung der Zustandslinien ist es hilfreich, die Rand- und Extremwerte der Funktionen anzugeben. Für die Randwerte gilt

$$Q(0) = \frac{1}{2}ql, \quad Q(l) = -\frac{1}{2}ql, \quad M(0) = M(l) = 0.$$

Bedingung für einen Extremwert des Biegemomentenverlaufs ist

$$M(\tilde{x})' = Q(\tilde{x}) = 0 = \frac{1}{2}ql - q\tilde{x} \qquad \Rightarrow \tilde{x} = \frac{l}{2}.$$

Damit erhalten wir das maximale Biegemoment an der Stelle $x = \tilde{x}$ zu

$$M_{\text{max}} = M(\tilde{x}) = \frac{1}{8}ql^2.$$

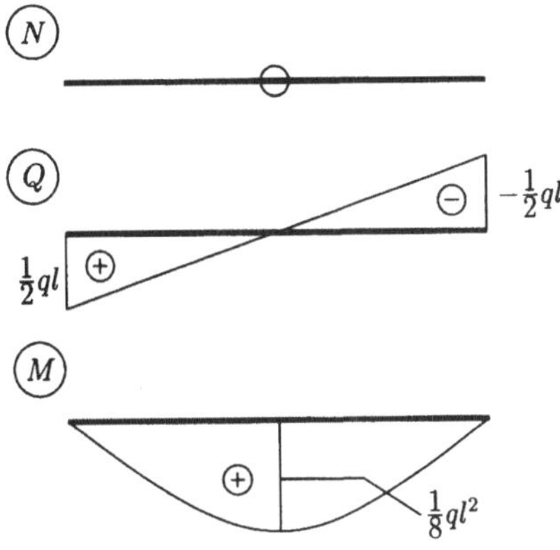

2. System b)

Auflagerberechnung:

Die Auflagerreaktionen werden abermals mit Hilfe der Gleichgewichtsbedingungen für das Gesamtsystem bestimmt. Die verteilte Last wird dabei durch die Geradengleichung $q(x) = q_0 - \dfrac{q_0}{l}x$ angegeben.

$$\rightarrow \sum_i F_{iH} = 0 = A_H \qquad\qquad \Rightarrow A_H = 0$$

$$\curvearrowright \sum_i M_{iA} = 0 = \int_0^l \left(q_0 - \frac{q_0}{l}x\right) x\,\mathrm{d}x - Bl \qquad \Rightarrow B = \frac{1}{6}q_0 l$$

$$\uparrow \sum_i F_{iV} = 0 = A_V - \int_0^l \left(q_0 - \frac{q_0}{l}x\right)\mathrm{d}x + B \qquad \Rightarrow A_V = \frac{1}{2}q_0 l - B = \frac{1}{3}q_0 l.$$

Kontrolle:

$$\curvearrowright \sum_i M_{iB} = 0 = A_V l - \int_0^l \left(q_0 - \frac{q_0}{l}x\right)(l-x)\,\mathrm{d}x = \frac{1}{3}q_0 l^2 - \frac{1}{3}q_0 l^2 = 0.$$

Zustandslinien:

Der Balken wird an einer beliebigen Stelle x mit $0 \leqslant x \leqslant l$ freigeschnitten. Die Schnittgrößen werden wie im Aufgabenteil a) an beiden Schnittufern angetragen.

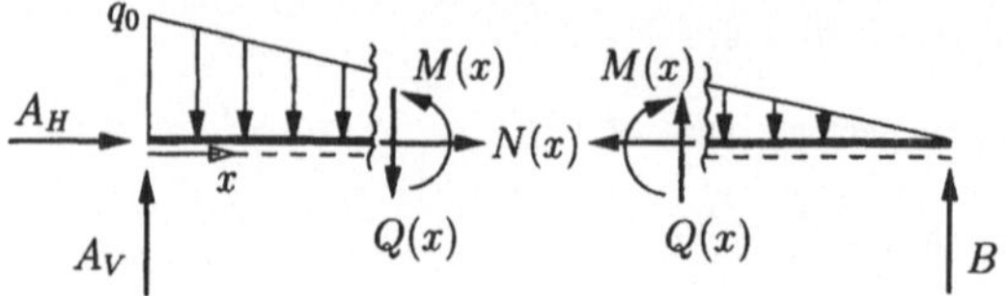

Die unbekannten Schnittgrößen lassen sich nun wiederum aus den Gleichgewichtsbedingungen für das linke Teilsystem berechnen.

$$\rightarrow \sum_i F_{iH} = 0 = A_H + N(x) \qquad\qquad \Rightarrow N(x) = 0$$

$$\uparrow \;\; \sum_i F_{iV} = 0 = A_V - \int_0^x \left(q_0 - \frac{q_0}{l}\xi\right)\,\mathrm{d}\xi - Q(x) \qquad \Rightarrow Q(x) = q_0\left(\frac{l}{3} - x + \frac{x^2}{2l}\right)$$

$$\curvearrowright \sum_i M_{iC} = 0 = A_V x - \int_0^x \left(q_0 - \frac{q_0}{l}\xi\right)(x-\xi)\,\mathrm{d}\xi - M(x) \Rightarrow M(x) = q_0 x\left(\frac{l}{3} - \frac{x}{2} + \frac{x^2}{6l}\right)$$

Wir können auch die Differentialbeziehungen zur Lösung dieses Beispiels heranziehen. Mit $n(x) = 0$, $q(x) = q_0 - \dfrac{q_0}{l}x$ erhalten wir dann aus (6.4)

$$N(x) = N(0)$$

$$Q(x) = Q(0) - \int_0^x \left(q_0 - \frac{q_0}{l}\xi\right)\,\mathrm{d}\xi = Q(0) - q_0 x + \frac{1}{2}q_0\frac{x^2}{l}$$

$$M(x) = M(0) + Q(0)x - \int_0^x\int_0^x \left(q_0 - \frac{q_0}{l}\xi\right)\,\mathrm{d}\xi\,\mathrm{d}\xi = M(0) + Q(0)x - \frac{1}{2}q_0 x^2 + \frac{1}{6}q_0\frac{x^3}{l}\,.$$

Aus den Gleichgewichtsbedingungen für ein an der Stelle $x = 0$ freigeschnittenes linkes Teilsystem erhalten wir die Randbedingungen

$$\rightarrow \sum_i F_{iH} = 0 \quad \Rightarrow N(0) = -A_H = 0$$

$$\uparrow \;\; \sum_i F_{iV} = 0 \quad \Rightarrow Q(0) = A_V = \frac{1}{3}q_0 l$$

$$\curvearrowright \sum_i M_{i0} = 0 \quad \Rightarrow M(0) = 0$$

und damit wiederum die oben bereits angegebenen Funktionen für die Schnittgrößen.

Darstellung der Zustandslinien:

Wir finden durch Einsetzen

$$Q(0) = \frac{1}{3}q_0 l, \quad Q(l) = -\frac{1}{6}q_0 l, \quad M(0) = M(l) = 0\,.$$

Bedingung für einen Extremwert des Biegemomentenverlaufs ist

$$M(\tilde{x})' = Q(\tilde{x}) = 0 = q_0\left(\frac{l}{3} - \tilde{x} + \frac{\tilde{x}^2}{2l}\right) \qquad \Rightarrow \tilde{x}^2 - 2\tilde{x}l + \frac{2}{3}l^2 = 0$$

mit der Lösung für $\tilde{x}$ $(0 \leqslant \tilde{x} \leqslant l)$

$$\tilde{x} = l\left(1 - \frac{1}{\sqrt{3}}\right) = 0{,}423\, l.$$

Damit erhalten wir schließlich

$$M_{\max} = M(\tilde{x}) = \frac{q_0 l^2}{9\sqrt{3}} = 0{,}064\, q_0 l^2.$$

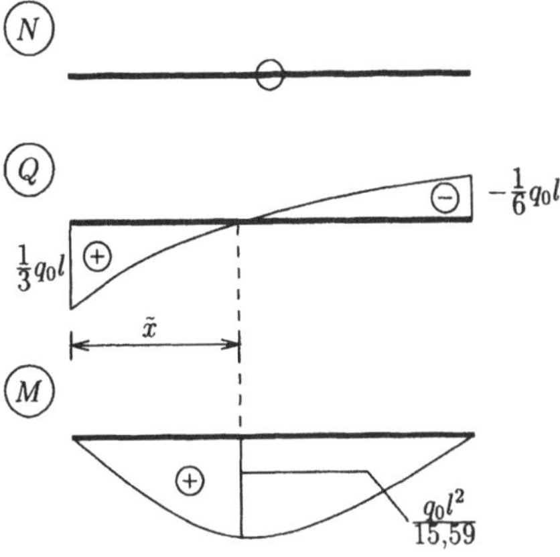

3. System c)

Auflagerberechnung:

Aus den Gleichgewichtsbedingungen für das Gesamtsystem erhalten wir

$$\rightarrow \sum_i F_{iH} = 0 = A_H \qquad\qquad \Rightarrow A_H = 0$$

$$\curvearrowleft \sum_i M_{iA} = 0 = F\xi - Bl \qquad \Rightarrow B = F\frac{\xi}{l}$$

$$\uparrow \; \sum_i F_{iV} = 0 = A_V - F + B \quad \Rightarrow A_V = F - B = F\left(1 - \frac{\xi}{l}\right).$$

Kontrolle:

$$\curvearrowleft \sum_i M_{iB} = 0 = A_V l - F(l - \xi) = Fl - F\xi - Fl + F\xi = 0.$$

Zustandslinien:

Wir führen zunächst einen Schnitt links vom Angriffspunkt der Einzellast F, d.h. an einer Stelle x mit $0 \leqslant x < \xi$ und tragen die Schnittgrößen an.

Aus den Gleichgewichtsbedingungen für das linke Teilsystem erhalten wir dann die Funktionen der Schnittgrößen für den ersten Bereich.

$$\rightarrow \sum_i F_{iH} = 0 = A_H + N_I(x) \qquad \Rightarrow N_I(x) = 0$$

$$\uparrow \quad \sum_i F_{iV} = 0 = A_V - Q_I(x) \qquad \Rightarrow Q_I(x) = F\left(1 - \frac{\xi}{l}\right)$$

$$\curvearrowright \sum_i M_{ix} = 0 = A_V x - M_I(x) \qquad \Rightarrow M_I(x) = F\left(1 - \frac{\xi}{l}\right) x \, .$$

Danach führen wir einen zweiten Schnitt rechts vom Angriffspunkt der Einzellast F, mit $\xi < x \leqslant l$, und bestimmen die Funktionen der Schnittgrößen für den zweiten Bereich aus den Gleichgewichtsbedingungen für das rechte Teilsystem.

$$\rightarrow \sum_i F_{iH} = 0 = -N_{II}(x) \qquad \Rightarrow N_{II}(x) = 0$$

$$\uparrow \quad \sum_i F_{iV} = 0 = Q_{II}(x) + B \qquad \Rightarrow Q_{II}(x) = -F\frac{\xi}{l}$$

$$\curvearrowright \sum_i M_{ix} = 0 = M_{II}(x) - B(l - x) \qquad \Rightarrow M_{II}(x) = F\xi\left(1 - \frac{x}{l}\right) \, .$$

Im vorliegenden Fall haben wir die x-Koordinate für beide Bereiche einheitlich definiert. Alternativ hätten wir auch am Beginn des zweiten Bereiches eine neue Koordinate einführen können. In der Regel wollen wir im folgenden so verfahren. Einen neuen Bereich führen wir dabei sinnvoll bei jedem Knick in der Balkenachse und bei jeder unstetigen Belastungsänderung (insbesondere bei singulären Lasten) ein.

Darstellung der Zustandslinien:

Für die Rand- und Extremwerte finden wir

$$M_I(0) = 0 \, , \quad M_I(\xi) = F\xi\left(1 - \frac{\xi}{l}\right) = M_{II}(\xi) \, , \quad M_{II}(l) = 0 \, .$$

An der Stelle ξ springt der Verlauf der Querkraft. Da $Q_I(x), Q_{II}(x) \neq 0$, für $0 \leqslant \xi \leqslant l$, ist der Extremwert des Momentenverlaufs an der Sprungstelle zu suchen. Wir finden hier $M_{max} = M_I(\xi) = M_{II}(\xi)$.

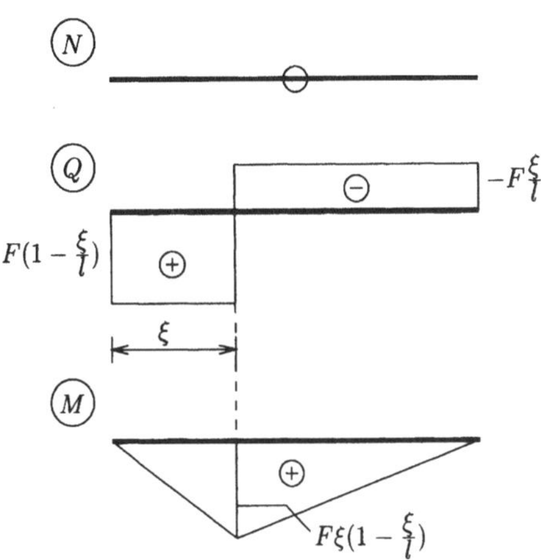

Aufgabe 6.2:

Bestimmen Sie die Auflagerreaktionen und Zustandslinien für das nebenstehende System.

Gegeben: $F = 1\,\text{MN}$

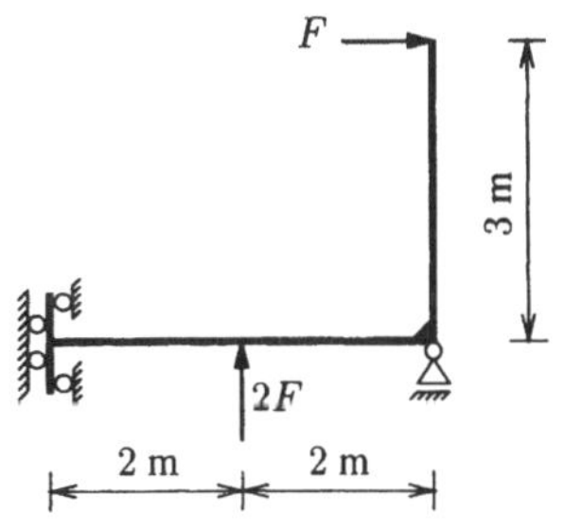

Lösung: Das dargestellte System ist ein statisch bestimmt gelagerter abgewinkelter Balken. Das linke zweiwertige Rollenlager kann eine Horizontalkraft und ein Biegemoment aufnehmen. Wir führen deshalb die Auflagerreaktionen A, M_A und B in der unten gezeigten Form ein. Für die drei Bereiche des Systems werden jetzt separate Koordinatensysteme eingeführt. Die drei Auflagerreaktionen bestimmen wir aus den Gleichgewichtsbedingungen für das Gesamtsystem.

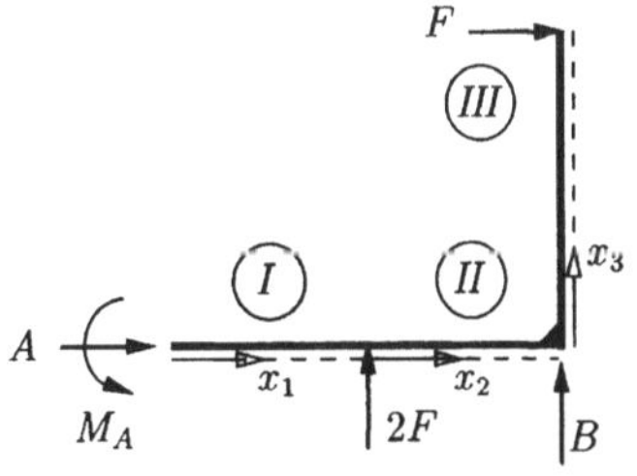

$$\rightarrow \sum_i F_{iH} = 0 \quad \Rightarrow \quad A = -1\,\text{MN}$$

$$\uparrow \sum_i F_{iV} = 0 \quad \Rightarrow \quad B = -2\,\text{MN}$$

$$\curvearrowright \sum_i M_{iB} = 0 \quad \Rightarrow \quad M_A = 7\,\text{MNm}$$

Kontrolle:

$$\curvearrowright \sum_i M_{iA} = 0 = -M_A - 2F \cdot 2\,\mathrm{m} - B \cdot 4\,\mathrm{m} + F \cdot 3\,\mathrm{m} = 0\,.$$

Wir führen nun jeweils einen Schnitt an einer beliebigen Stelle der drei Bereiche und erhalten aus den Gleichgewichtsbedingungen für die Teilsysteme den Verlauf der Funktionen der Schnittgrößen.

$$\rightarrow \sum_i F_{iH} = 0 \;\Rightarrow\; N_I(x_1) = 1\,\mathrm{MN}$$

$$\uparrow \sum_i F_{iV} = 0 \;\Rightarrow\; Q_I(x_1) = 0$$

$$\curvearrowright \sum_i M_{ix_1} = 0 \;\Rightarrow\; M_I(x_1) = -7\,\mathrm{MNm}\,.$$

$$\rightarrow \sum_i F_{iH} = 0 \;\Rightarrow\; N_{II}(x_2) = 1\,\mathrm{MN}$$

$$\uparrow \sum_i F_{iV} = 0 \;\Rightarrow\; Q_{II}(x_2) = 2\,\mathrm{MN}$$

$$\curvearrowright \sum_i M_{ix_2} = 0 \;\Rightarrow\; M_{II}(x_2) = 1\,\mathrm{MN}\cdot(-7\,\mathrm{m} + 2x_2)$$

$$\rightarrow \sum_i F_{iH} = 0 \;\Rightarrow\; Q_{III}(x_3) = 1\,\mathrm{MN}$$

$$\uparrow \sum_i F_{iV} = 0 \;\Rightarrow\; N_{III}(x_3) = 0$$

$$\curvearrowright \sum_i M_{ix_3} = 0 \;\Rightarrow\; M_{III}(x_3) = -1\,\mathrm{MN}\cdot(3\,\mathrm{m} - x_3)$$

Dabei haben wir hier bewusst zusätzlich zu den Zahlenwerten der Längen und der Kräfte immer auch die Einheiten mit angegeben. In der Praxis können wir darauf verzichten, wenn wir zu Beginn der Aufgabe festlegen, in welchen Einheiten wir arbeiten.

Darstellung der Zustandslinien:

Berechnung der Randwerte:

$$M_I(2\,\mathrm{m}) = M_{II}(0) = -7\,\mathrm{MNm}\,, \quad M_{II}(2\,\mathrm{m}) = M_{III}(0) = -3\,\mathrm{MNm}\,, \quad M_{III}(3\,\mathrm{m}) = 0\,.$$

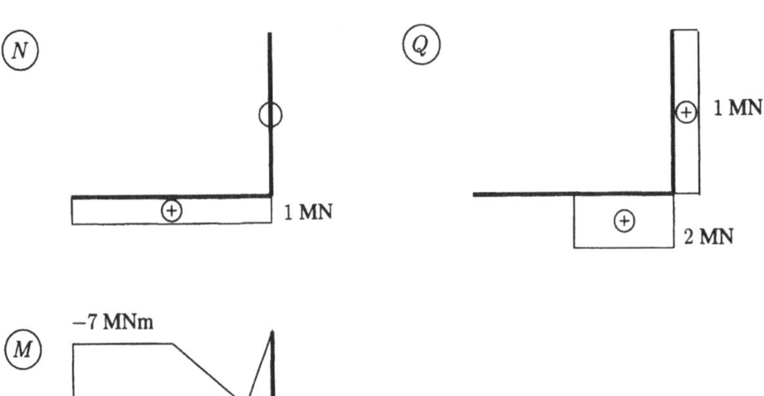

Aufgabe 6.3:

Ermitteln Sie die Auflagerreaktionen und Zustandslinien des nebenstehenden Systems.

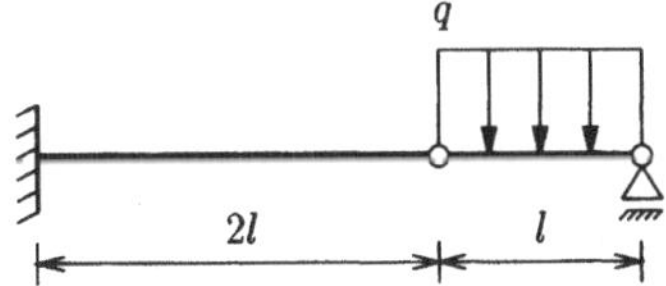

Lösung: Wir überprüfen zunächst mit Hilfe des
Kriteriums (6.5) die statische Bestimmtheit des
Systems. Bei $r = 4, z = 2, n = 2$ und $\lambda = 0$ er-
halten wir daraus $a = 0$ für ein ebenes System.
Damit ist das System statisch bestimmt.

Auflagerberechnung:

Wir befreien das System von allen Bindungen und führen die zu bestimmenden Auflagerreaktionen
A_H, A_V, M_A und B (s. Band I, Tabelle 8.2) sowie die Zwischenreaktionen (Gelenkkräfte) G_H und G_V
ein. Das Koordinatensystem wird in gewohnter Weise festgelegt. Aus zwei Kräftegleichgewichts-
bedingungen für das Gesamtsystem und zwei Momentengleichgewichtsbedingungen für die beiden
Teilsysteme erhalten wir die gesuchten Auflagerreaktionen.

$$\rightarrow \sum_i F_{iH} = 0 = A_H \qquad\qquad \Rightarrow A_H = 0$$

$$\curvearrowright \sum_i M_{iGr} = 0 = \frac{1}{2}ql^2 - Bl \qquad \Rightarrow B = \frac{1}{2}ql$$

$$\uparrow \sum_i F_{iV} = 0 = A_V + B - ql \qquad \Rightarrow A_V = \frac{1}{2}ql$$

$$\curvearrowright \sum_i M_{iGl} = 0 = M_A + 2A_V l \qquad \Rightarrow M_A = -ql^2 \,.$$

Kontrolle (Momentengleichgewicht für das Gesamtsystem):

$$\curvearrowright \sum_i M_{iA} = 0 = M_A + ql \cdot \frac{5}{2}l - 3Bl = -ql^2 + \frac{5}{2}ql^2 - \frac{3}{2}ql^2 = 0 \,.$$

Wir merken schließlich noch an, dass sich die Gelenkkräfte aus den Kräftegleichgewichten für ein Teilsystem angeben lassen

$$G_H = 0; \quad G_V = \frac{1}{2}ql \,.$$

Zur Bestimmung der Schnittgrößen ist jeweils ein Schnitt in den beiden Bereichen des Systems erforderlich.

$$\rightarrow \sum_i F_{iH} = 0 \quad \Rightarrow N_I(x) = 0$$

$$\uparrow \sum_i F_{iV} = 0 \quad \Rightarrow Q_I(x) = \frac{1}{2}ql$$

$$\curvearrowright \sum_i M_{ix} = 0 \quad \Rightarrow M_I(x) = ql\left(\frac{x}{2} - l\right)$$

$$\rightarrow \sum_i F_{iH} = 0 \quad \Rightarrow N_{II}(x) = 0$$

$$\uparrow \sum_i F_{iV} = 0 \quad \Rightarrow Q_{II}(x) = ql\left(\frac{5}{2} - \frac{x}{l}\right)$$

$$\curvearrowright \sum_i M_{ix} = 0 \quad \Rightarrow M_{II}(x) = ql^2\left(-3 + \frac{5x}{2l} - \frac{x^2}{2l^2}\right) \,.$$

Darstellung der Zustandslinien:

Für die Rand- und Extremwerte finden wir

$$Q_I(0) = Q_I(2l) = Q_{II}(2l) = \frac{1}{2}ql, \quad Q_{II}(3l) = -\frac{1}{2}ql,$$

$$M_I(0) = -ql^2, \quad M_I(2l) = M_{II}(2l) = 0, \quad M_{II}(3l) = 0.$$

Der lokale Extremwert des Biegemomentes an der Stelle $x = \frac{5}{2}l$ hat den Wert $M_{II}(\frac{5}{2}l) = \frac{1}{8}ql^2$. Der betragsmäßig größte Wert des Biegemomentes tritt jedoch mit $M_I(0) = -ql^2$ am linken Rand auf.

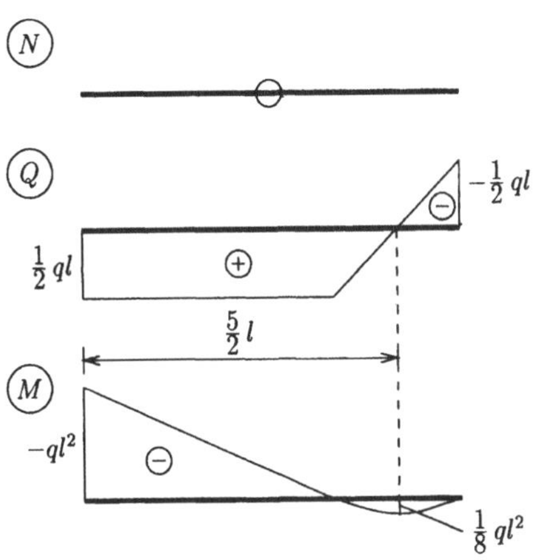

Aufgabe 6.4:

Die Auflagerreaktionen und Zustandslinien des nebenstehenden Systems sind zu ermitteln.

Gegeben: $q_0 = 2\,\dfrac{\text{kN}}{\text{m}}$, $a = 3$ m

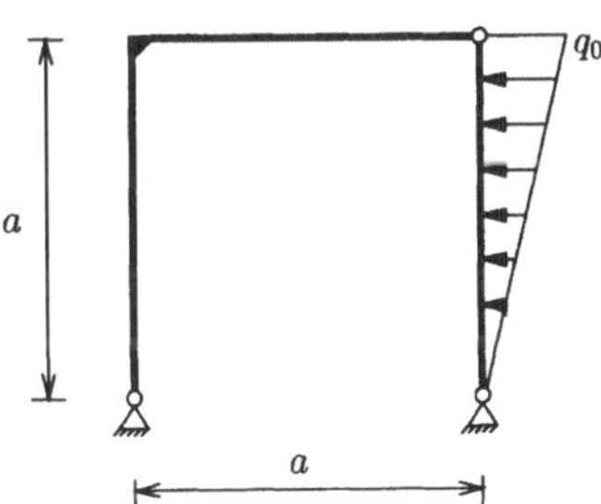

Lösung: Der vorliegende Dreigelenkbogen ist statisch bestimmt. Wir überprüfen dies mit Hilfe des Kriteriums (6.5). Mit $r = 4, z = 2, n = 2$ und $\lambda = 0$ erhalten wir $a = 0$. Im übrigen wollen wir vereinbaren, dass alle Längen in [m], alle Kräfte in [kN] angegeben werden.

Auflagerberechnung:

Wir führen zunächst einen Schnitt durch das Gelenk und bestimmen die gesuchten Auflagerreaktionen A_H, A_V, B_H und B_V mit Hilfe der vier Gleichgewichtsbedingungen für das Gesamtsystem bzw. die beiden Teilsysteme.

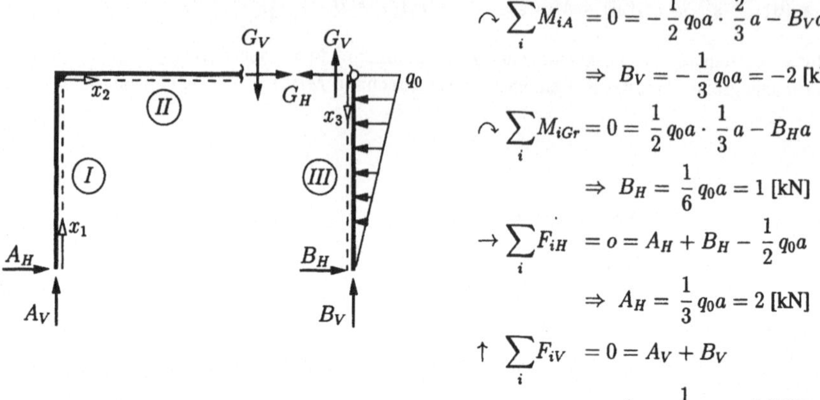

$$\curvearrowright \sum_i M_{iA} = 0 = -\frac{1}{2}q_0 a \cdot \frac{2}{3}a - B_V a$$

$$\Rightarrow B_V = -\frac{1}{3}q_0 a = -2 \text{ [kN]}$$

$$\curvearrowright \sum_i M_{iGr} = 0 = \frac{1}{2}q_0 a \cdot \frac{1}{3}a - B_H a$$

$$\Rightarrow B_H = \frac{1}{6}q_0 a = 1 \text{ [kN]}$$

$$\rightarrow \sum_i F_{iH} = o = A_H + B_H - \frac{1}{2}q_0 a$$

$$\Rightarrow A_H = \frac{1}{3}q_0 a = 2 \text{ [kN]}$$

$$\uparrow \sum_i F_{iV} = 0 = A_V + B_V$$

$$\Rightarrow A_V = \frac{1}{3}q_0 a = 2 \text{ [kN]}$$

Kontrolle:

$$\curvearrowright \sum_i M_{iB} = 0 = A_V a - \frac{1}{2}q_0 a \cdot \frac{2}{3}a = 6 - 6 = 0\,.$$

Die Gelenkkräfte G_H und G_V lassen sich leicht mit Hilfe der Kräftegleichgewichte für das linke Teilsystem angeben

$$G_H = -A_H, \quad G_V = A_V\,.$$

1. Weg:

Zur Bestimmung der Schnittgrößen führen wir in den drei Bereichen jeweils einen Schnitt an einer beliebigen Stelle.

$$\sum_i F_{iH} = 0 \quad \Rightarrow Q_I(x_1) = -A_H = -2$$

$$\sum_i F_{iV} = 0 \quad \Rightarrow N_I(x_1) = -A_V = -2$$

$$\sum_i M_{ix_1} = 0 \quad \Rightarrow M_I(x_1) = -A_H x_1 = -2x_1$$

$$\sum_i F_{iH} = 0 \quad \Rightarrow N_{II}(x_2) = -A_H = -2$$

$$\sum_i F_{iV} = 0 \quad \Rightarrow Q_{II}(x_2) = A_V = 2$$

$$\sum_i M_{ix_2} = 0 \quad \Rightarrow M_{II}(x_2) = -A_H a + A_V x_2 = -6 + 2x_2$$

$$\sum_i F_{iV} = 0 \quad \Rightarrow N_{III}(x_3) = G_V = A_V$$

$$\sum_i F_{iH} = 0 \quad \Rightarrow Q_{III}(x_3) = -G_H - q_0 x_3 + \frac{1}{2} q_0 \frac{x_3^2}{a}$$

$$\sum_i M_{ix_3} = 0 \quad \Rightarrow M_{III}(x_3) = -G_H(0)x_3 - \frac{1}{2} q_0 x_3^2 + \frac{1}{6} q_0 \frac{x_3^3}{a} \ .$$

2. Weg:

Wir gehen nun aus von den Differential- bzw. Integralbeziehungen (6.1 bzw. 6.4) und erhalten unmittelbar

$$N_I(x_1) = N_I(0)$$

$$Q_I(x_1) = Q_I(0)$$

$$M_I(x_1) = Q_I(0)\, x_1 \ .$$

bzw.

$$N_{II}(x_2) = N_{II}(0)$$

$$Q_{II}(x_2) = Q_{II}(0)$$

$$M_{II}(x_2) = M_{II}(0) + Q_{II}(0)\, x_2 \ .$$

für die beiden ersten Bereiche sowie mit $q(x_3) = q_0(1 - \dfrac{x_3}{l})$

$$N_{III}(x_3) = N_{III}(0)$$

$$Q_{III}(x_3) = Q_{III}(0) - q_0 x_3 + \frac{1}{2} q_0 \frac{x_3^2}{a}$$

$$M_{III}(x_3) = M_{III}(0) + Q_{III}(0)\, x_3 - \frac{1}{2} q_0 x_3^2 + \frac{1}{6} q_0 \frac{x_3^3}{a} \ .$$

für den dritten Bereich.

Die Rand- und Übergangsbedingungen bestimmen wir durch entsprechende Gleichgewichtsbetrachtungen an den freigeschnittenen Rändern bzw. Übergängen (siehe Band I, Abschnitt 9.4.1)

$$\sum_i F_{iV} = 0 \quad \Rightarrow N_I(0) = -A_V$$

$$\sum_i F_{iH} = 0 \quad \Rightarrow Q_I(0) = -A_H \ .$$

$$\sum_i F_{iH} = 0 \quad \Rightarrow N_{II}(0) = Q_I(a) \quad = Q_I(0)$$

$$\sum_i F_{iV} = 0 \quad \Rightarrow Q_{II}(0) = -N_I(a) = -N_I(0)$$

$$\sum_i M_i = 0 \quad \Rightarrow M_{II}(0) = M_I(a) \quad = Q_I(0)a \,.$$

$$\sum_i F_{iH} = 0 \quad \Rightarrow Q_{III}(0) = -N_{II}(a) = -Q_I(0)$$

$$\sum_i F_{iV} = 0 \quad \Rightarrow N_{III}(0) = Q_{II}(a) = -N_I(0)$$

Wir erhalten so dieselben Werte für die Schnittgrößen.

Darstellung der Zustandslinien:

Für den lokalen Extremwert des Biegemomentes im dritten Feld gilt

$$M_{III}(\tilde{x}_3)' = Q_{III}(\tilde{x}_3) = 0 \quad \Rightarrow \tilde{x}_3^2 - 6\tilde{x}_3 + 6 = 0 \quad \Rightarrow \tilde{x}_3 = (3 - \sqrt{3}) = 1{,}268 \,[\text{m}]\,.$$

mit

$$M_{III\,\text{max}} = M_{III}(\tilde{x}_3) = \frac{2}{3}\sqrt{3} = 1{,}155 \,[\text{kNm}]\,.$$

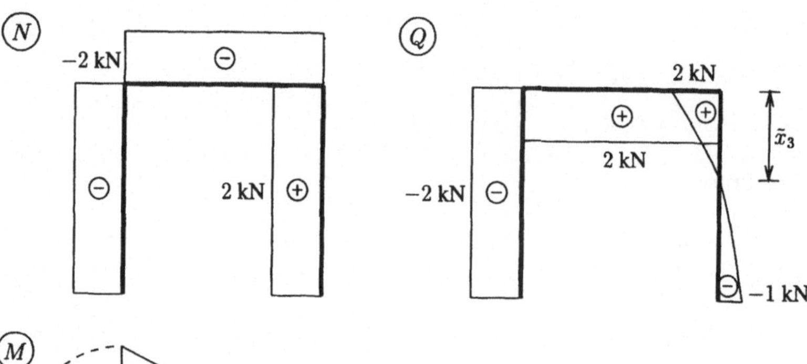

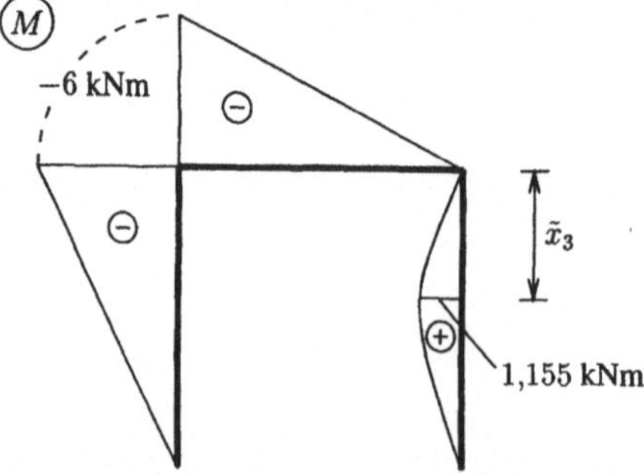

Aufgabe 6.5:

Bestimmen Sie die Zustandslinien des nebenstehenden Systems.

Gegeben: $M = 2\ \text{kNm}$, $q_0 = 1\ \frac{\text{kN}}{\text{m}}$

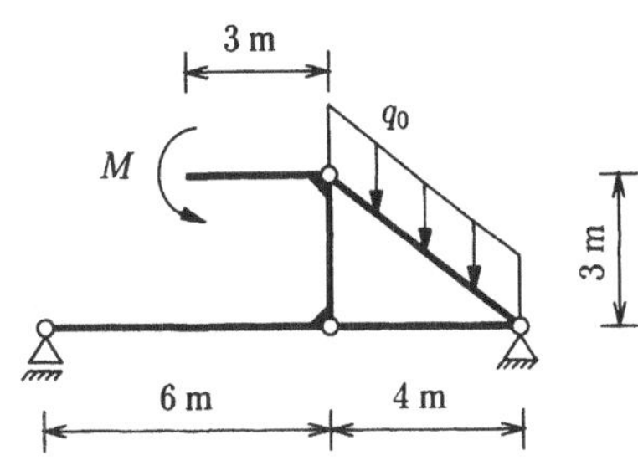

Lösung: Das System ist statisch bestimmt. Die verteilt angreifende Last q_0 ist im vorliegenden Fall bezogen auf die Länge des schrägen Balkens ($l_4 = 5\ \text{m}$). Für den Neigungswinkel α dieser Schräge gilt entsprechend $\cos\alpha = 0{,}8$, $\sin\alpha = 0{,}6$.

Wir bestimmen zunächst die Auflagerreaktionen A, B_H und B_V mit Hilfe der globalen Gleichgewichtsbedingungen. Dabei arbeiten wir mit den Dimensionen [m] für Längen und [kN] für Kräfte.

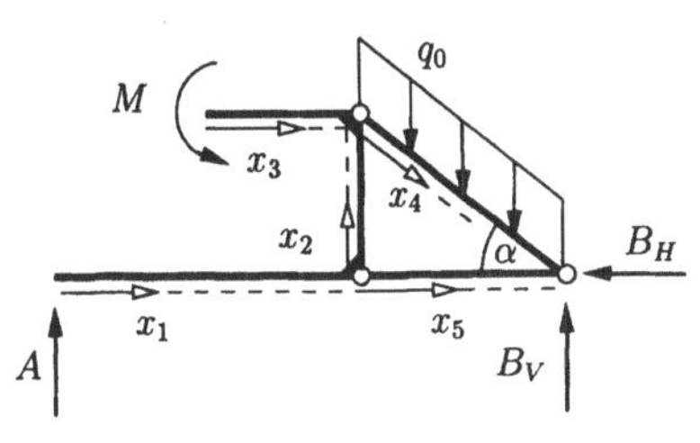

$$\rightarrow \sum_i F_{iH} = 0 \qquad \Rightarrow\ B_H = 0$$

$$\curvearrowright \sum_i M_{iA} = 0 = -M + 5\,q_0 \cdot 8 - B_V \cdot 10$$

$$\Rightarrow\ B_V = 3{,}8\ [\text{kN}]$$

$$\uparrow\ \sum_i F_{iV} = 0 = A - 5\,q_0 + B_V$$

$$\Rightarrow\ A = 1{,}2\ [\text{kN}]$$

Kontrolle:

$$\curvearrowright \sum_i M_{iB} = 0 = 1{,}2 \cdot 10 - 2 - 5 \cdot 2 = 0\,.$$

Das vorliegende System enthält in seinem rechten Teil nun einen geschlossenen Körper, der nicht durch einen einzigen Schnitt in zwei Teile zerlegt werden kann. Unter Bezug auf Abschnitt 6.3 stellen wir fest, dass der horizontale Balken in dem geschlossenen Dreieck nur Normalkräfte übertragen kann (siehe Band I, Abschnitt 9.4.1). Wir schneiden also durch diesen Stab sowie durch das obere Gelenk und bilden das Momentengleichgewicht um dieses Gelenk.

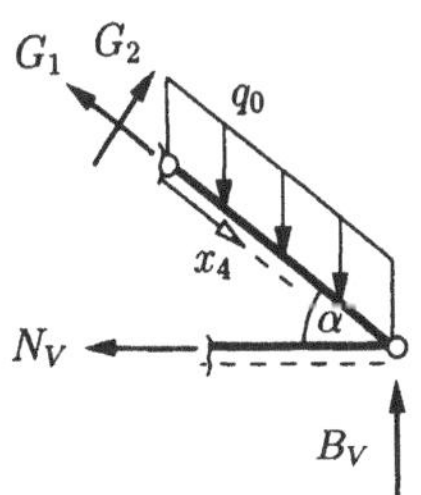

$$\curvearrowright \sum_i M_{iGr} = 0 = N_V \cdot 3 + 5\,q_0 \cdot 2 - B_V \cdot 4 \qquad \Rightarrow\ N_V = 1{,}73\ [\text{kN}]$$

$$\curvearrowright \sum_i M_{iB} = 0 = G_2 \cdot 5 - 5\,q_0 \cdot 2 \qquad \Rightarrow\ G_2 = 2\ [\text{kN}]$$

$$\rightarrow \sum_i F_{iH} = 0 = N_V + G_2 \sin\alpha - G_1 \cos\alpha \qquad \rightarrow\ G_1 = -0{,}67\ [\text{kN}]$$

Kontrolle:

$$\uparrow \sum_i F_{iV} = 0 = G_3 \sin\alpha + G_4 \cos\alpha - 5\,q_0 + B_V = 0\,.$$

Die durch diesen Schnitt erhaltenen Teilsysteme lassen sich nun wiederum als separate Systeme in gewohnter Weise behandeln.

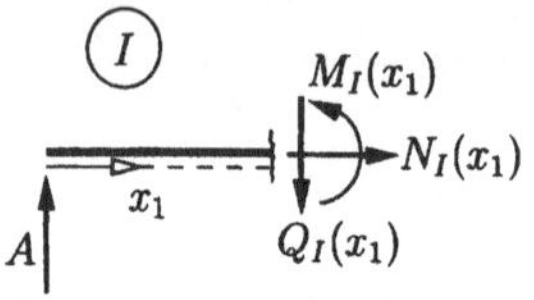

$$\sum_i F_{iH} = 0 \quad \Rightarrow N_I(x_1) = 0$$

$$\sum_i F_{iV} = 0 \quad \Rightarrow Q_I(x_1) = 1{,}2$$

$$\sum_i M_{ix_1} = 0 \quad \Rightarrow M_I(x_1) = 1{,}2\,x_1$$

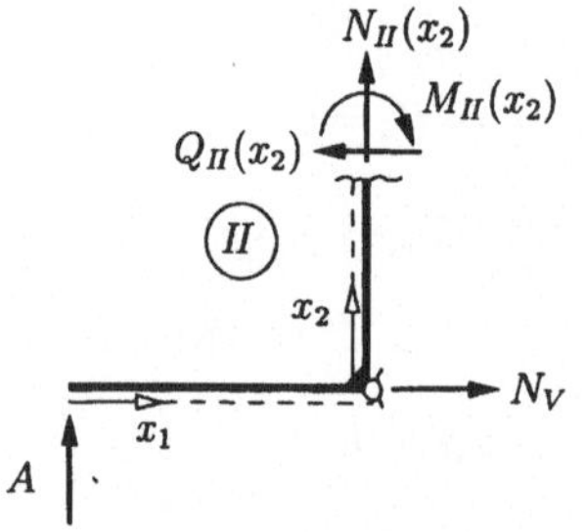

$$\sum_i F_{iH} = 0 \quad \Rightarrow Q_{II}(x_2) = 1{,}73$$

$$\sum_i F_{iV} = 0 \quad \Rightarrow N_{II}(x_2) = -1{,}2$$

$$\sum_i M_{ix_2} = 0 \quad \Rightarrow M_{II}(x_2) = -7{,}2 + 1{,}73\,x_2$$

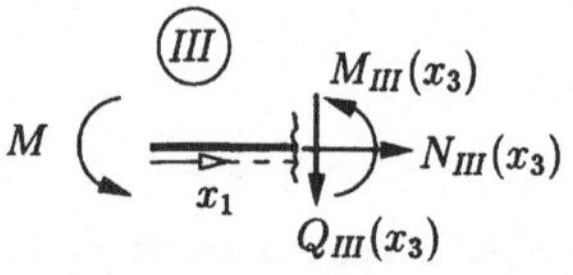

$$\sum_i F_{iH} = 0 \quad \Rightarrow N_{III}(x_3) = 0$$

$$\sum_i F_{iV} = 0 \quad \Rightarrow Q_{III}(x_3) = 0$$

$$\sum_i M_{ix_3} = 0 \quad \Rightarrow M_{III}(x_3) = -2$$

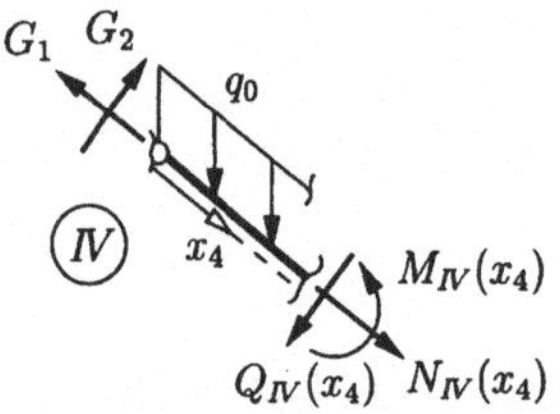

$$\sum_i F_{ix_4} = 0 \quad \Rightarrow N_{IV}(x_4) = -0{,}67 - 0{,}6\,x_4$$

$$\sum_i F_{iz_4} = 0 \quad \Rightarrow Q_{IV}(z_4) = 2 - 0{,}8\,x_4$$

$$\sum_i M_{ix_4} = 0 \quad \Rightarrow M_{IV}(x_4) = 2\,x_4 - 0{,}4\,x_4^2$$

Dem inzwischen etwas geübten Leser sei anempfohlen, den alternativen Lösungsweg mit Hilfe der Differentialbeziehungen selbst zu probieren. Dabei sollte er allerdings beachten, dass wir im vierten Bereich von folgender Belastung ausgehen müssen

$$n(x_4) = q_0 \sin\alpha = 0{,}6\,q_0, \quad q(x_4) = q_0 \cos\alpha = 0{,}8\,q_0\,.$$

Für die Darstellung der Zustandslinien lesen wir die folgenden Randwerte ab

$$N_{IV}(0) = -0{,}67, \; N_{IV}(l_4) = -3{,}67, \; Q_{IV}(0) = 2, \; Q_{IV}(l_4) = -2,$$

$$M_{II}(0) = -7{,}2, \; M_{II}(l_2) = -2.$$

Den Extremwert des Biegemomentes im vierten Bereich erhalten wir zu

$$M_{IV}(\tilde{x}_4)' = Q_{IV}(\tilde{x}_4) = 0 \quad \Rightarrow \quad \tilde{x}_4 = 2{,}5 \, [\text{m}] \quad \Rightarrow \quad M_{IV\,\text{max}} = M_{IV}(\tilde{x}_4) = 2{,}5 \, [\text{kNm}].$$

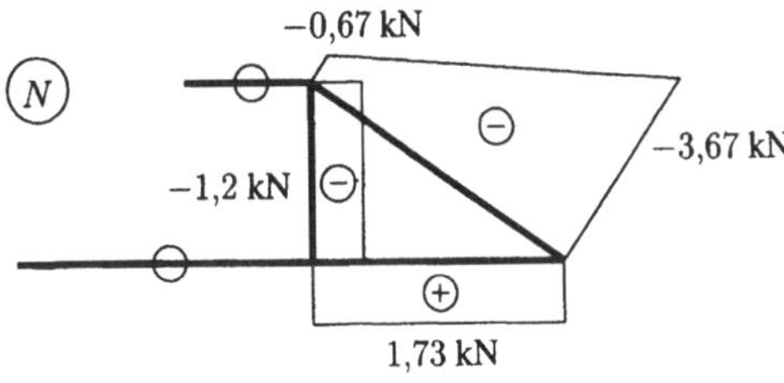

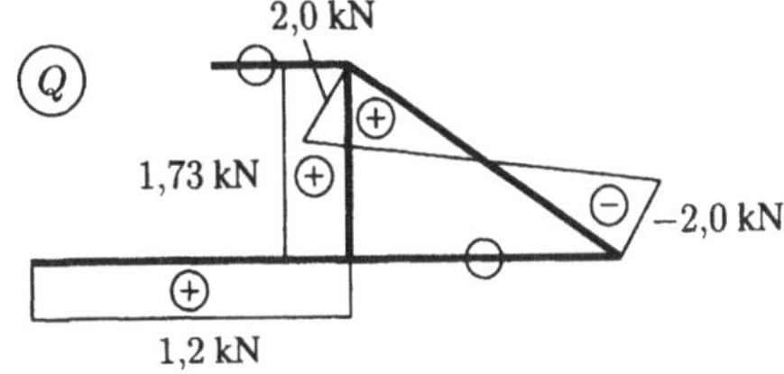

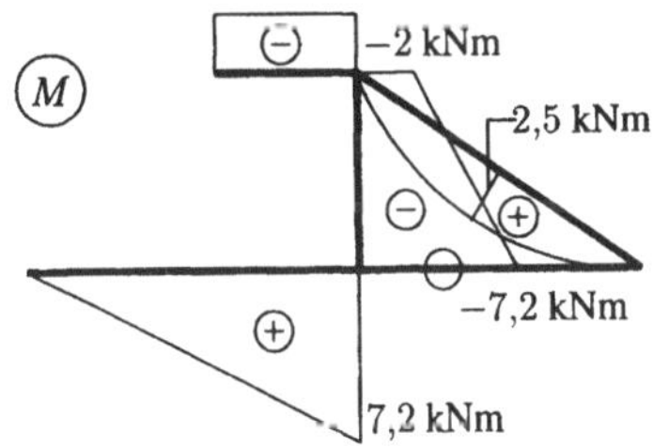

Aufgabe 6.6:

Bestimmen Sie die Zustandslinien des nebenstehenden Systems.

Gegeben: $F = 5\,\text{kN}$, $p = 1\,\frac{\text{kN}}{\text{m}}$, $r = 4\,\text{m}$.

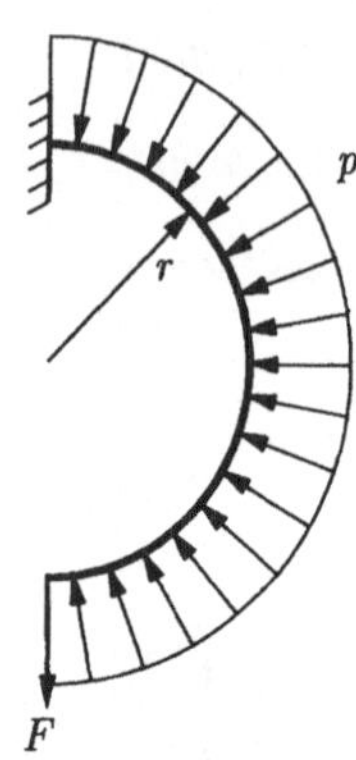

Lösung: Bei dem betrachteten System handelt es sich um einen in seiner Ebene belasteten Kreisbogen mit $r = $ konst. Wir führen eine längs der Stabachse verlaufende Koordinate s und den zugehörigen Zentriwinkel φ sowie eine außen liegende gestrichelte Zone ein. Die Funktionen der Schnittgrößen bestimmen wir dann mit Hilfe der Differentialbeziehungen (6.3). Als verteilte Belastungen wirken dabei: $n(s) = 0$, $q(s) = -p$, $m(s) = 0$.

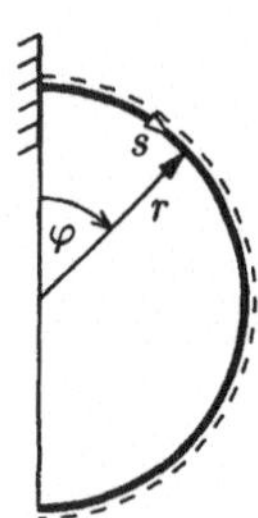

Bei Kreisbögen empfiehlt es sich, als laufende Koordinate den Zentriwinkel φ einzuführen. Mit

$$s = r\varphi \quad \text{bzw.} \quad ds = r\,d\varphi$$

erhalten wir dann aus (6.3)

$$N(\varphi)' = -Q(\varphi) \tag{1}$$

$$Q(\varphi)' = N(\varphi) + pr \tag{2}$$

$$M(\varphi)' = rQ(\varphi) \tag{3}$$

wobei hier bereits die gegebene Belastung berücksichtigt wurde und der $(\cdot)'$ in diesem Beispiel die Ableitung nach φ kennzeichnet.

Leiten wir nun (1) nach φ ab und setzen Gleichung (2) in das Ergebnis ein, so erhalten wir eine inhomogene lineare Differentialgleichung zweiter Ordnung für die Normalkraft

$$N(\varphi)'' + N(\varphi) = -pr\,.$$

Die allgemeine Lösung dieser Differentialgleichung lautet

$$N(\varphi) = A\,\sin\varphi + B\,\cos\varphi - pr\,.$$

Durch Umstellung der Gleichung (1) und aus der Integration der Gleichung (3) erhalten wir ferner

$$Q(\varphi) = -N(\varphi)' \qquad = -A\cos\varphi + B\sin\varphi$$

$$M(\varphi) = r\int_0^{\varphi} Q(\varphi)\,d\varphi + C = -Ar\sin\varphi - Br\cos\varphi + C\,.$$

Die unbekannten Konstanten A, B und C sind aus den Randbedingungen zu bestimmen. Dazu betrachten wir das mit einem Schnitt bei $\varphi = \pi$ abgetrennte freie Ende des Bogens

$$N(\pi) = 0 \qquad \Rightarrow B = -pr$$
$$Q(\pi) = F \qquad \Rightarrow A = F$$
$$M(\pi) = 0 \qquad \Rightarrow C = pr^2 \, .$$

Damit erhalten wir schließlich

$$N(\varphi) = F \sin\varphi - pr(\cos\varphi + 1)$$
$$Q(\varphi) = -F \cos\varphi - pr \sin\varphi$$
$$M(\varphi) = -Fr \sin\varphi + pr^2(\cos\varphi + 1) \, .$$

Für die Darstellung der Zustandslinien setzen wir die in der Aufgabenstellung gegebenen Zahlenwerte ein

$$N(\varphi) = 5 \sin\varphi - 4(\cos\varphi + 1) \; [\mathrm{kN}]$$
$$Q(\varphi) = -5 \cos\varphi - 4 \sin\varphi \; [\mathrm{kN}]$$
$$M(\varphi) = -20 \sin\varphi + 16(\cos\varphi + 1) \; [\mathrm{kNm}] \, .$$

Den – lokalen – Extremwert des Biegemomentes finden wir

$$M(\tilde{\varphi})' = Q(\tilde{\varphi}) = 0 \quad \Rightarrow \tilde{\varphi} = 128{,}66° \quad \Rightarrow M_{\max} = M(\tilde{\varphi}) = -9{,}61 \; \mathrm{kNm} \, .$$

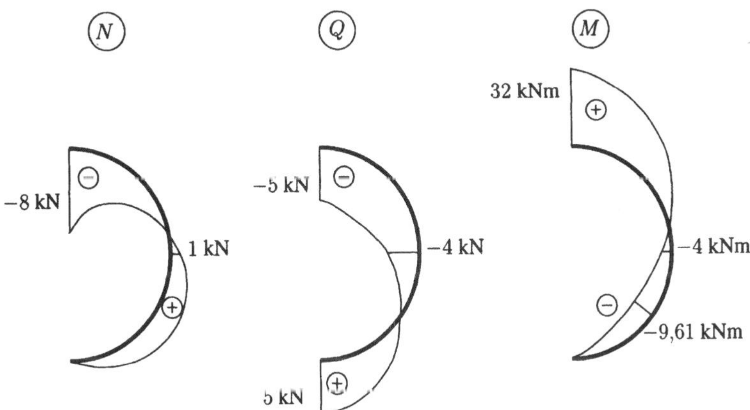

Aufgabe 6.7:

Bestimmen Sie die Auflagerreaktionen und die Zustandslinien des nebenstehenden Systems.

Gegeben: $M_T = 5 \; \mathrm{MNm}$, $m_T = 3 \, \dfrac{\mathrm{MNm}}{\mathrm{m}}$,

$\qquad\quad l \;\; = 1 \; \mathrm{m}.$

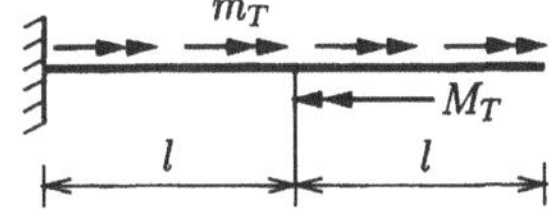

Lösung: Das vorliegende System ist durch ein verteiltes Torsionsmoment m_T und ein einzelnes Torsionsmoment M_T belastet, die jeweils um die Balkenachse wirken. Entsprechend der in Abschnitt 6.1 vorgenommenen Einteilung liegt damit ein räumlich belasteter ebener Körper vor. Von den sechs Auflagerreaktionen für die Einspannung eines räumlichen Systems ist hier nur das Torsionsmoment M_A um die x-Achse zu berücksichtigen (Band I, Tabelle 8.3). Die restlichen fünf Reaktionen werden in diesem Beispiel zu Null.

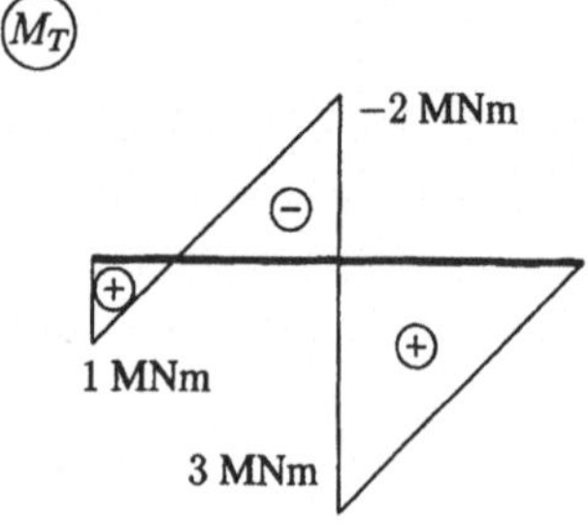

$$\sum_i M_{ix} = 0 = M_A - M_T + m_T 2l$$

$$\Rightarrow \; M_A = -1 \text{ [MNm]}$$

Aufgrund der gegebenen Belastung erhalten wir als einzige von Null verschiedene Schnittgröße ein Torsionsmoment um die x-Achse. Mit Hilfe der Differentialbeziehungen für räumliche Systeme (Band I, Satz 9.5) erhalten wir durch Integration der Beziehung für das Torsionsmoment in den beiden Bereichen des Balkens mit $m_T(x) = m_T = \text{konst.}$

$$M_{Ti}(x_i)' = -m_T \quad \Rightarrow \quad M_{Ti}(x_i) = -\int_0^x m_T \, dx_i + c_i = -m_T x_i + c_i \, , \quad (1 = 1, 2) \, .$$

Die Konstanten c_1 und c_2 für beide Felder bestimmen wir jeweils aus einem Schnitt an den Stellen $x_1 = 0$ bzw. $x_2 = 0$.

$$M_{TI}(0) = -M_A = 1 \quad \Rightarrow c_1 = 1 \text{ [MNm]}$$

$$\Rightarrow M_{TI}(x_1) = -m_T x_1 + 1$$

$$M_{TII}(0) = M_{TI}(l) + M_T = 3 \quad \Rightarrow c_2 = 3 \text{ [MNm]}$$

$$\Rightarrow M_{TII}(x_2) = -m_T x_2 + 3$$

Aufgabe 6.8:

Für das dargestellte räumliche System sind anzugeben

a) die Auflagerreaktionen sowie

b) die Zustandslinien.

Gegeben: $F = 5\,\text{MN}$, $q = 4\,\frac{\text{MN}}{\text{m}}$, $l = 2\,\text{m}$

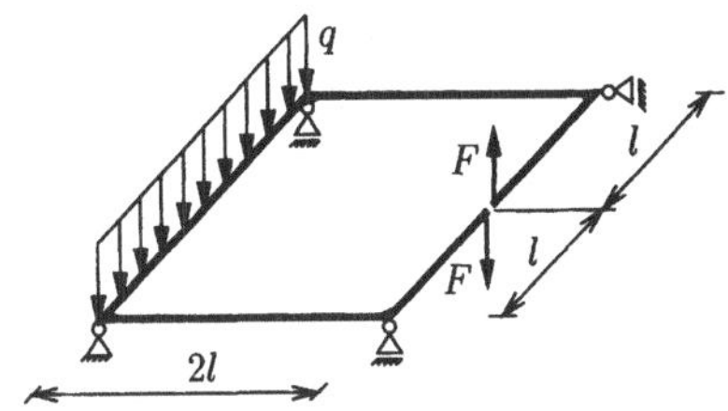

Lösung: Das dargestellte System ist statisch bestimmt. Nach Einführung eines globalen Koordinatensystems x,y,z und den in gewohnter Weise gewählten lokalen Koordinatensystemen für die fünf
Bereiche des Systems tragen wir die Auflagerreaktionen A_z, B_x, B_y, B_z, C_z und D_x an. Für diese sechs
unbekannten Auflagerreaktionen stehen sechs Gleichgewichtsbedingungen für das räumliche System
zur Verfügung.

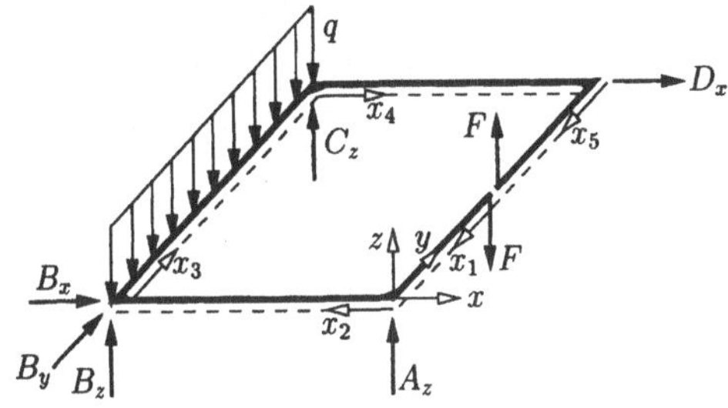

$$\sum_i F_{iy} = 0 \qquad\qquad\qquad\qquad\quad \Rightarrow\; B_y = 0$$

$$\sum_i M_{ix} = 0 = -2ql^2 + 2C_z l + Fl - Fl \qquad \Rightarrow\; C_z = 8\;[\text{MN}]$$

$$\sum_i M_{iy} = 0 = 2B_z l - 4ql^2 + 2C_z l \qquad\qquad \Rightarrow\; B_z = 8\;[\text{MN}]$$

$$\sum_i F_{iz} = 0 = A_z + B_z + C_z - 2ql + F - F \quad \Rightarrow\; A_z = 0$$

$$\sum_i M_{iz} = 0 = -2B_y l - 2D_x l \qquad\qquad\quad \Rightarrow\; D_x = 0$$

$$\sum_i F_{ix} = 0 = B_x + D_x \qquad\qquad\qquad\quad \Rightarrow\; B_x = 0$$

Die Zustandslinien werden wiederum durch Schnitte in den fünf Bereichen des Systems bestimmt.
Dabei stellen wir aus Gründen der Übersichtlichkeit nur die von Null verschiedenen Schnittgrößen
$Q_{z_i}, M_{T_i}, M_{y_i}$ $(i = 1,2,3,4,5)$ dar. Die Schnittgrößen N_i, Q_{y_i}, M_{z_i} verschwinden in allen Bereichen.

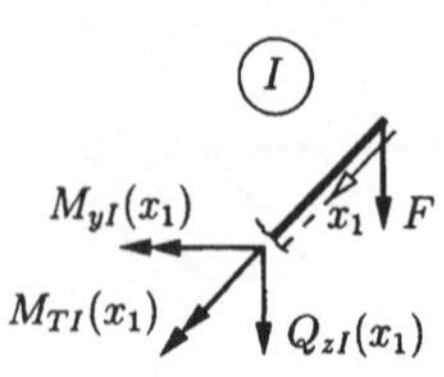

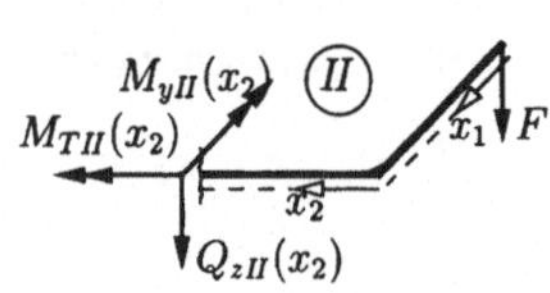

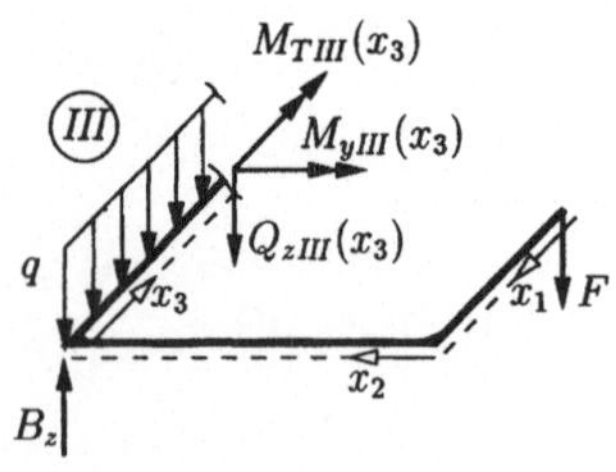

$$\sum_i F_{iz_1} = 0 = Q_{zI}(x_1) + F$$

$$\Rightarrow Q_{zI}(x_1) = -5$$

$$\sum_i M_{ix_1} = 0 \qquad \Rightarrow M_{TI}(x_1) = 0$$

$$\sum_i M_{iy_1} = 0 = M_{yI}(x_1) - Q_{zI}(x_1)x_1$$

$$\Rightarrow M_{yI}(x_1) = -5\,x_1$$

$$\sum_i F_{iz_2} = 0 = Q_{zII}(x_2) + F$$

$$\Rightarrow Q_{zII}(x_2) = -5$$

$$\sum_i M_{ix_2} = 0 = M_{TII}(x_2) + Fl$$

$$\Rightarrow M_{TII}(x_2) = -10$$

$$\sum_i M_{iy_2} = 0 = M_{yII}(x_2) - Q_{zII}(x_2)x_2$$

$$\Rightarrow M_{yII}(x_2) = -5\,x_2$$

$$\sum_i F_{iz_3} = 0 = Q_{zIII}(x_3) + qx_3 - B_z + F$$

$$\Rightarrow Q_{zIII}(x_3) = 3 - 4\,x_3$$

$$\sum_i M_{ix_3} = 0 = M_{TIII}(x_3) + 2Fl$$

$$\Rightarrow M_{TIII}(x_3) = -20$$

$$\sum_i M_{iy_3} = 0 = M_{yIII}(x_3) - Q_{zIII}(x_3)x_3 - \frac{1}{2}qx_3^2 - Fl$$

$$\Rightarrow M_{yIII}(x_3) = 10 + 3\,x_3 - 2\,x_3^2$$

$$\sum_i F_{iz_4} = 0 = Q_{zIV}(x_4) + F$$

$$\Rightarrow Q_{zIV}(x_4) = -5$$

$$\sum_i M_{ix_4} = 0 = -M_{TIV}(x_4) - Fl$$

$$\Rightarrow M_{TIV}(x_4) = -10$$

$$\sum_i M_{iy_4} = 0 = -M_{yIV}(x_4) + Q_{zIV}(x_4)x_4 + Fl$$

$$\Rightarrow M_{yIV}(x_4) = 20 - 5\,x_4$$

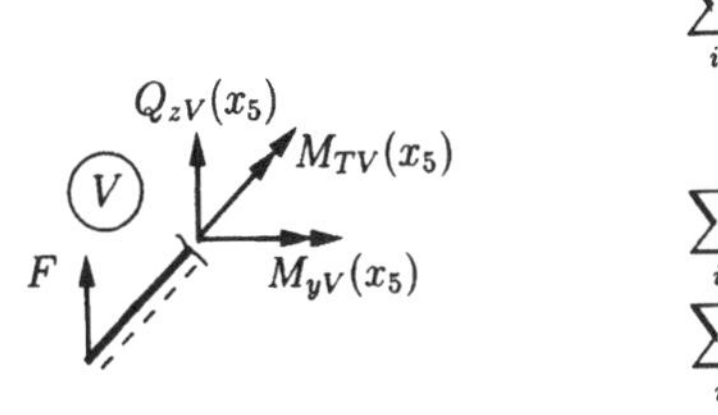

$$\sum_i F_{iz_5} = 0 = -Q_{zV}(x_5) - F$$

$$\Rightarrow \; Q_{zV}(x_5) = -5$$

$$\sum_i M_{ix_5} = 0 \quad \Rightarrow \; M_{TV}(x_5) = 0$$

$$\sum_i M_{iy_5} = 0 = -M_{yV}(x_5) + Q_{zV}(x_5)x_5 + Fl$$

$$\Rightarrow \; M_{yV}(x_5) = 10 - 5\,x_5$$

Als Kontrolle schneiden wir die Ecken B und C frei und bilden das Gleichgewicht der Schnittgrößen und äußeren Belastungen.

$$\sum_i F_{iz} = 0 = Q_{zII}(2l) + B_z - Q_{zIII}(0) = -5 + 8 - 3 = 0$$

$$\sum_i M_{ix} = 0 = M_{TII}(2l) + M_{yIII}(0) = -10 + 10 = 0$$

$$\sum_i M_{iy} = 0 = -M_{yII}(2l) + M_{TIII}(0) = 20 - 20 = 0$$

$$\sum_i F_{iz} = 0 = Q_{zIII}(2l) + C_z - Q_{zIV}(0) = -13 + 8 + 5 = 0$$

$$\sum_i M_{ix} = 0 = -M_{yIII}(2l) + M_{TIV}(0) = 10 - 10 = 0$$

$$\sum_i M_{iy} = 0 = -M_{TIII}(2l) - M_{yIV}(0) = 20 - 20 = 0$$

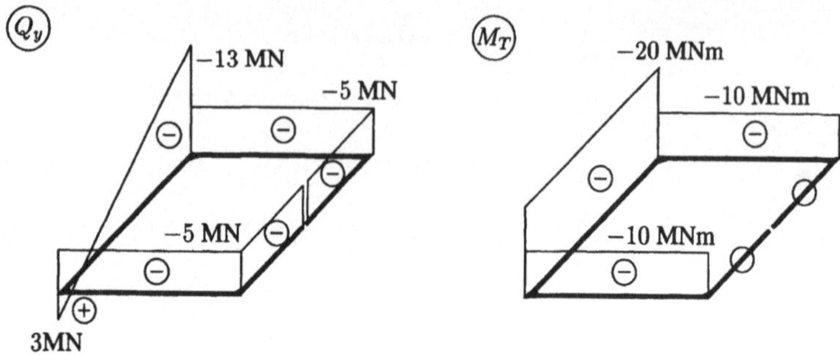

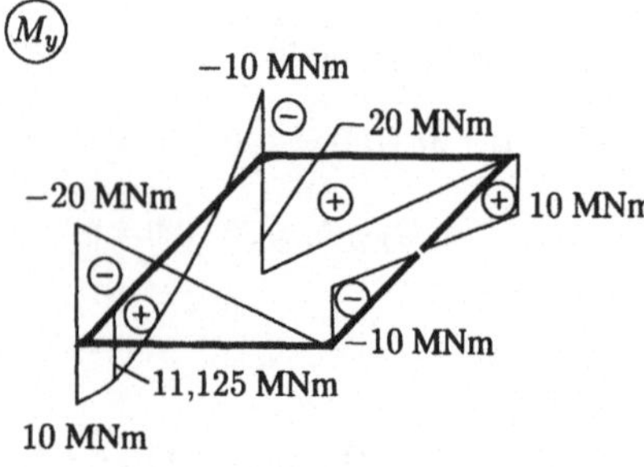

6.5 Aufgaben

Aufgabe 6.9:

Die Auflagerreaktionen und Zustandslinien des nebenstehenden Systems sind für die drei dargestellten Belastungsfälle anzugeben.

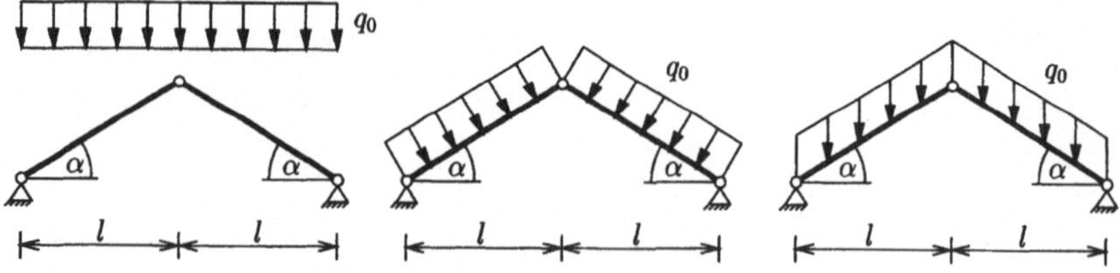

Aufgabe 6.10:

Eine Masse vom Gewicht G liegt auf dem nebenstehenden Rahmen auf. An der Masse wird mit der Kraft F so fest gezogen, dass sie gerade noch nicht rutscht. Geben Sie die Zustandslinien für das System an.

Gegeben: $G, l, \mu_0 = 0{,}5$.

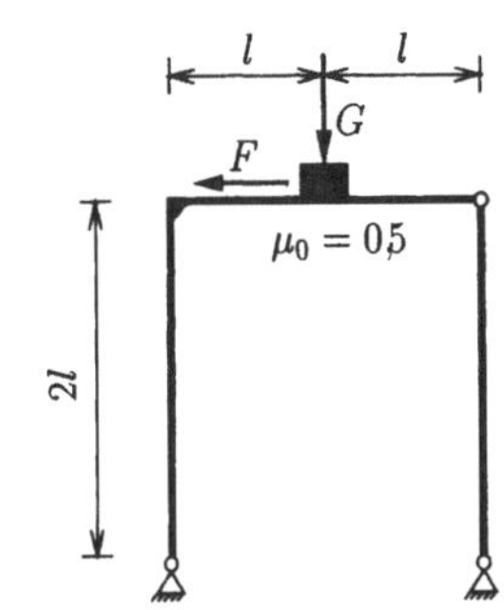

Aufgabe 6.11:

Für den dargestellten Rahmen sind die Schnittgrößen und die Stelle des maximalen Biegemomentes zu bestimmen. Stellen Sie die Ergebnisse dar.

Gegeben: $q_0 = F/2a$

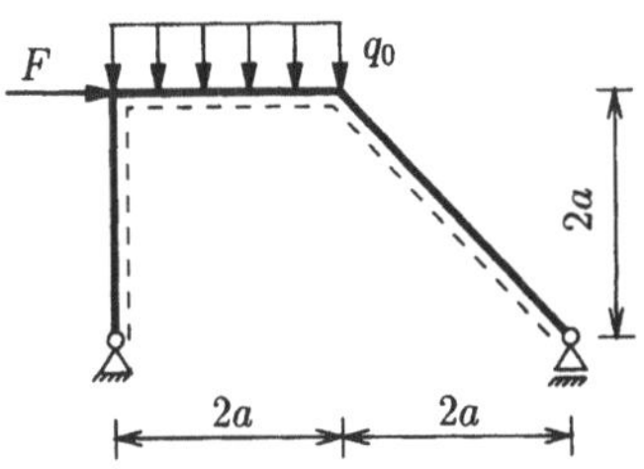

Aufgabe 6.12:

Bestimmen Sie die Zustandslinien für das nebenstehende System und stellen Sie das Ergebnis dar.

Gegeben: $q_0 = F/l$.

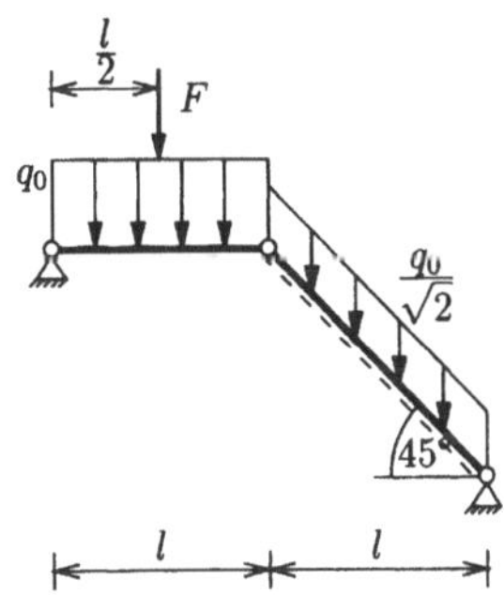

Aufgabe 6.13:

Bestimmen Sie die Zustandslinien des nebenstehenden Seil-abgespannten Systems. Das Seil sei reibungsfrei über die Stabenden geführt.

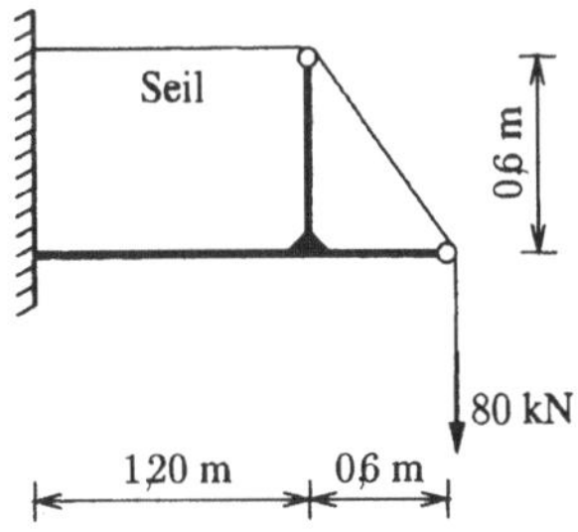

Aufgabe 6.14:

Bestimmen Sie die Zustandslinien des nebenstehenden Systems. Der Durchmesser der Seilrolle sei vernachlässigbar klein.

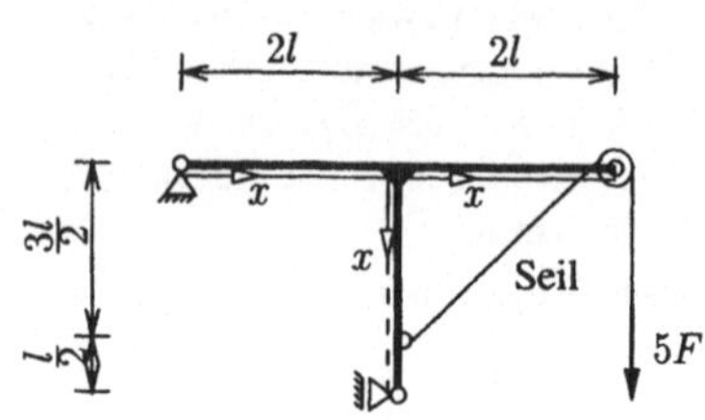

Aufgabe 6.15:

Bestimmen Sie die Zustandslinien des nebenstehenden Systems.

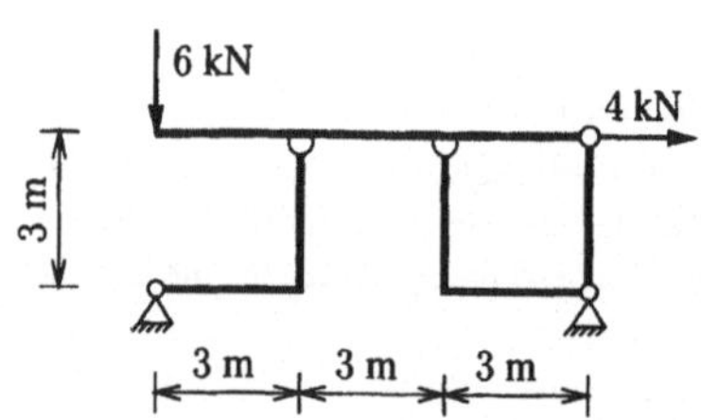

Aufgabe 6.16:

Bestimmen Sie die Zustandslinien des nebenstehenden Systems.

Gegeben: $a = 3$ m, $q_0 = 4 \frac{\text{kN}}{\text{m}}$.

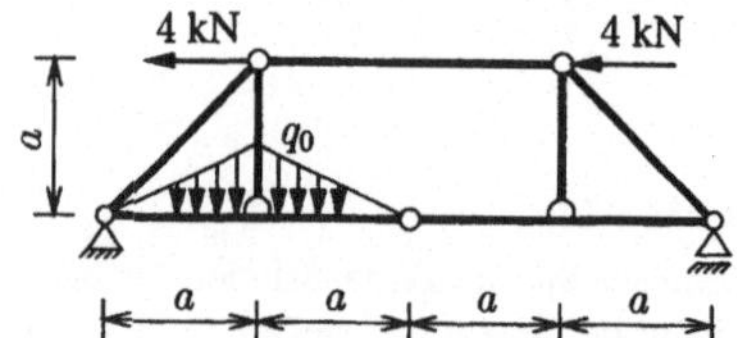

Aufgabe 6.17:

Bestimmen Sie die Zustandslinien des nebenstehenden Systems.

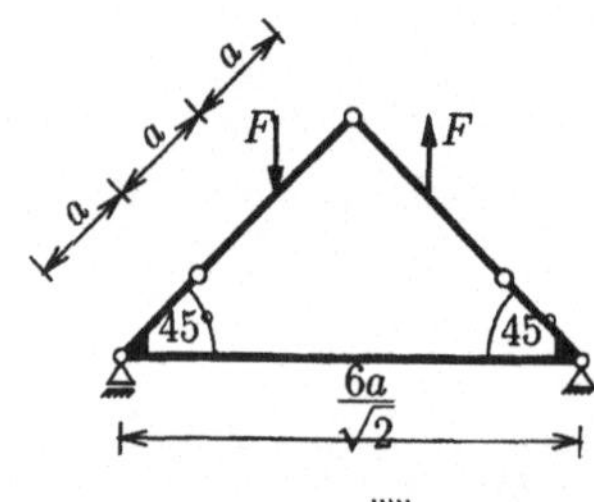

Aufgabe 6.18:

Die Zustandslinien sind zu ermitteln.

Gegeben: Belastung q_0, Stablänge l.

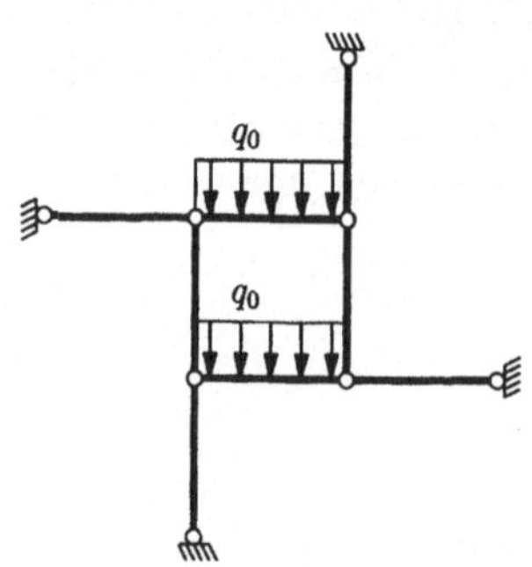

Aufgabe 6.19:

Bestimmen Sie die Zustandslinien des nebenstehenden Systems.

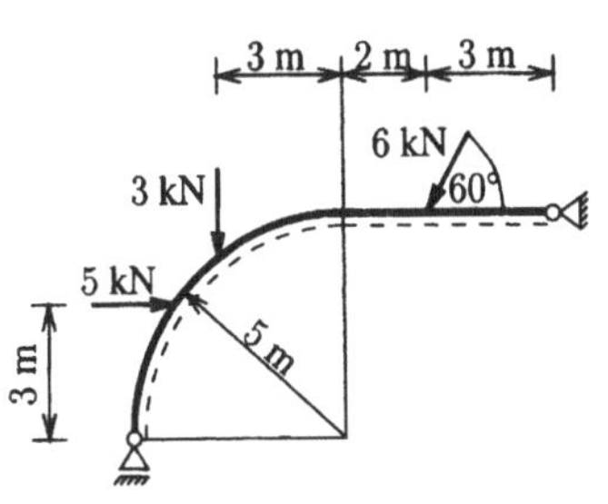

Aufgabe 6.20:

Bestimmen Sie die Zustandslinien des angegebenen senkrecht zu seiner Ebene belasteten Systems.

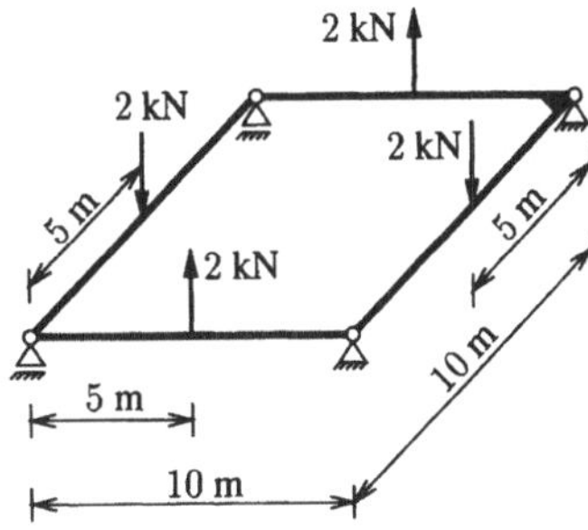

Aufgabe 6.21:

Bestimmen Sie die Zustandslinien des folgenden senkrecht zu seiner Ebene belasteten Systems.

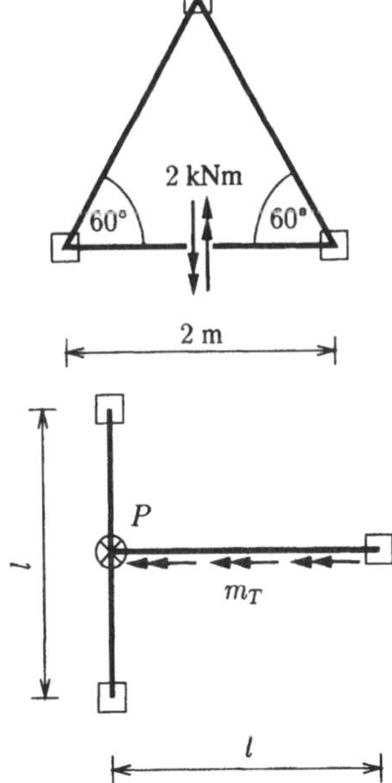

Aufgabe 6.22:

Bestimmen Sie die Zustandslinien des dargestellten räumlichen Systems unter vertikaler Last.

7 Fachwerke

7.1 Allgemeines

Fachwerke sind spezielle Systeme von Körpern, bei denen in den einzelnen
- geraden und
- gelenkig miteinander verbundenen

Stäben lediglich Normalkräfte auftreten. Die in den einzelnen Knoten eines Fachwerkes angreifenden Stabkräfte bilden demzufolge auch stets zentrale Kräftesysteme.

Entsprechend vereinfacht sich auch das Kriterium zur Untersuchung der statischen Bestimmtheit. Betrachten wir nur einteilige Fachwerke – ohne Auflager – so gilt als notwendige Bedingung für innere statische Bestimmtheit, dass

$$
s = \begin{cases} 3k - 6 & \text{bei räumlichen Fachwerken} \\ 2k - 3 & \text{bei ebenen Fachwerken} \end{cases}
\tag{7.1}
$$

sein muss, wobei s die Anzahl der Stäbe und k die Zahl der Knoten des Fachwerkes angeben (Band I, Satz 10.8).

Die unbekannten Stabkräfte S_i in den Stäben bestimmen wir mit Hilfe der in Kapitel 2 genannten und behandelten Verfahren für zentrale Kräftesysteme. Diese Verfahren führen bei Fachwerken unmittelbar auf
- das Knoten-Schnittverfahren als rechnerischem sowie
- den Cremonaplan als zeichnerischem Verfahren.

In beiden Verfahren, die sinnvoll dann angewendet werden sollten, wenn alle Stabkräfte eines Fachwerkes gesucht werden, werden die Methoden zur Bestimmung unbekannter Kräfte in zentralen Kräftesystemen direkt umgesetzt (siehe Band I, Abschnitt 10.4.3).

Werden nur einzelne Stabkräfte gesucht, ist es dagegen häufig von Vorteil,
- das Ritter-Schnittverfahren oder
- das K-Schnittverfahren

anzuwenden, bei dem das Fachwerk an der zu untersuchenden Stelle geschnitten wird und die interessierenden Schnittkräfte in der Regel durch geeignete Betrachtungen des Momentengleichgewichts ermittelt werden (siehe Band I, Abschnitt 10.4.3).

Die Erfahrung mit der Handhabung des Knotenschnitt-Verfahrens z.B. lehrt, dass manche Anschlüsse von Fachwerkstäben an Knoten rein konstruktiver Art sind, dass sie statisch also nicht benötigt werden. Solche Stäbe, die unter einer gegebenen Belastung keine Kräfte aufnehmen, nennen wir Nullstäbe. Im übrigen gilt, dass in Zugstäben positive Schnittkräfte S_i auftreten, in Druckstäben negative (siehe Band I, Abschnitt 10.4.1).

7.2 Beispiele

Aufgabe 7.1:

Bestimmen Sie die Stabkräfte des angegebenen
Systems.

Gegeben: $F_1 = 4\,\text{kN}$, $F_2 = 6\,\text{kN}$, a

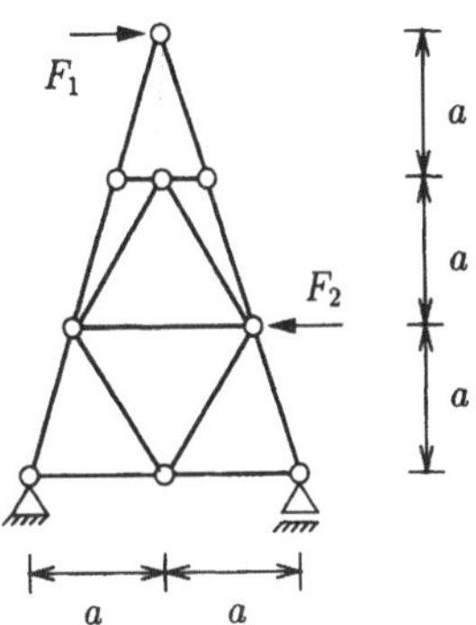

Lösung:

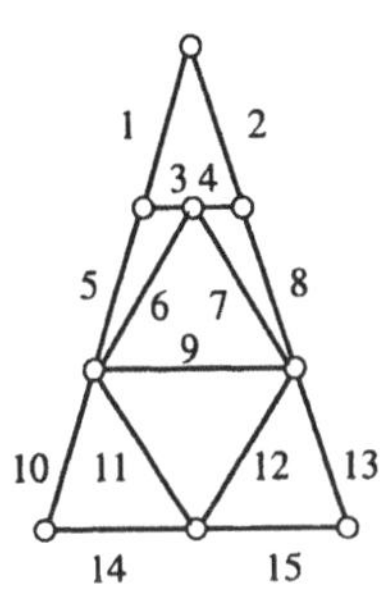

Bei dem gegebenen System handelt es sich um ein ideales Fachwerk
(Band I, Abschnitt 10.4.1). Gerade Stäbe sind jeweils nur an ihren Enden
gelenkig miteinander verbunden, alle Kräfte greifen in diesen Knoten an.
Bei insgesamt $s = 15$ Stäben und $k = 9$ Knoten erfüllt das Fachwerk
auch die notwendige Bedingung für statische Bestimmtheit (7.1)

$$15 = 2 \cdot 9 - 3.$$

Zur Reduzierung des Rechenaufwandes werden nun alle offensichtlichen
Nullstäbe bestimmt. Dazu betrachten wir zunächst die im folgenden auf-
geführten drei Fälle von 2 bzw. 3 an einem Knoten angreifenden Stäben
bzw. Kräften:

1. Fall:

$$\uparrow \quad \sum_i F_{iV} = 0 = -S_2 \sin\alpha \qquad \Rightarrow S_2 = 0$$

$$\rightarrow \quad \sum_i F_{iH} = 0 = -S_1 + S_2 \cos\alpha \qquad \Rightarrow S_1 = S_2 = 0$$

2. Fall:

$$\uparrow \quad \sum_i F_{iV} = 0 = -S_2 \sin\alpha \qquad \Rightarrow S_2 = 0$$

$$\rightarrow \quad \sum_i F_{iH} = 0 = -S_1 + S_3 + S_2 \cos\alpha \qquad \Rightarrow S_1 = S_3$$

3. Fall:

$$\uparrow \quad \sum_i F_{iV} = 0 = -S_2 \sin\alpha \qquad \Rightarrow S_2 = 0$$

$$\rightarrow \quad \sum_i F_{iH} = 0 = -S_1 + F + S_2 \cos\alpha \qquad \Rightarrow S_1 = F.$$

Werden die jeweiligen Situationen aller herausgeschnitten gedachten Knoten des Fachwerkes mit
diesen drei Fällen verglichen, so stellt man unmittelbar fest, dass die Stäbe 3 und 4 (gemäß Fall 2)
und somit auch die Stäbe 6 und 7 (gemäß Fall 1) offensichtlich Nullstäbe sein müssen

$$S_3 = S_4 = S_6 = S_7 = 0.$$

Ferner gilt

$$S_1 = S_5 \quad \text{sowie} \quad S_2 = S_8.$$

Für das um die Nullstäbe reduzierte Fachwerk erhalten wir für die Auflagerkräfte:

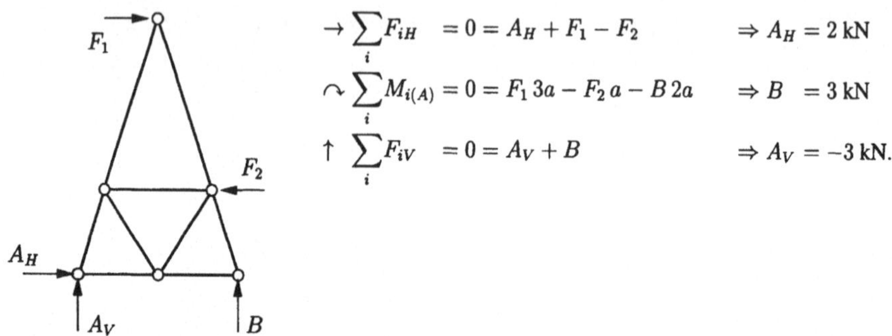

$$\rightarrow \sum_i F_{iH} = 0 = A_H + F_1 - F_2 \qquad \Rightarrow A_H = 2\,\text{kN}$$

$$\curvearrowright \sum_i M_{i(A)} = 0 = F_1\,3a - F_2\,a - B\,2a \qquad \Rightarrow B = 3\,\text{kN}$$

$$\uparrow \sum_i F_{iV} = 0 = A_V + B \qquad \Rightarrow A_V = -3\,\text{kN}.$$

Die verbliebenen Stabkräfte lassen sich unter Anwendung des Knotenschnitt-Verfahrens berechnen.

Schnitt I:

$$\uparrow \sum_i F_{iV} = 0 = A_V + S_{10}\sin\alpha \qquad \Rightarrow S_{10} = \sqrt{10}\,\text{kN}$$

$$\rightarrow \sum_i F_{iH} = 0 = A_H + S_{14} + S_{10}\cos\alpha \qquad \Rightarrow S_{14} = -3\,\text{kN}$$

$$\text{mit} \quad \sin\alpha = \frac{3a}{\sqrt{(3a)^2 + a^2}} = \frac{3}{\sqrt{10}} \qquad \cos\alpha = \frac{a}{\sqrt{(3a)^2 + a^2}} = \frac{1}{\sqrt{10}}\,.$$

Schnitt II:

$$\uparrow \sum_i F_{iV} = 0 = B + S_{13}\sin\alpha \qquad \Rightarrow S_{13} = -\sqrt{10}\,\text{kN}$$

$$\rightarrow \sum_i F_{iH} = 0 = -S_{15} - S_{13}\cos\alpha \qquad \Rightarrow S_{15} = 1\,\text{kN}.$$

An jedem neuen Knoten lassen sich entsprechend den zur Verfügung stehenden Kräfte-Gleichge-wichtsbedingungen maximal 2 neue Stabkräfte berechnen. Da S_{14} und S_{15} aus den vorherigen Schnit-ten bekannt sind, lassen sich nun auch S_{11} und S_{12} bestimmen.

Schnitt III:

$$\uparrow \sum_i F_{iV} = 0 = S_{11}\cos\beta + S_{12}\cos\beta \qquad \Rightarrow S_{11} = -S_{12}$$

$$\rightarrow \sum_i F_{iH} = 0 = -S_{14} + S_{15} - S_{11}\sin\beta + S_{12}\sin\beta \quad \Rightarrow S_{12} = -\sqrt{13}\,\text{kN}$$

$$\text{mit} \quad \sin\beta = \frac{\frac{2}{3}a}{\sqrt{(\frac{2}{3}a)^2 + a^2}} = \frac{2}{\sqrt{13}} \qquad \cos\beta = \frac{a}{\sqrt{(\frac{2}{3}a)^2 + a^2}} = \frac{3}{\sqrt{13}}\,.$$

Schnitt IV:

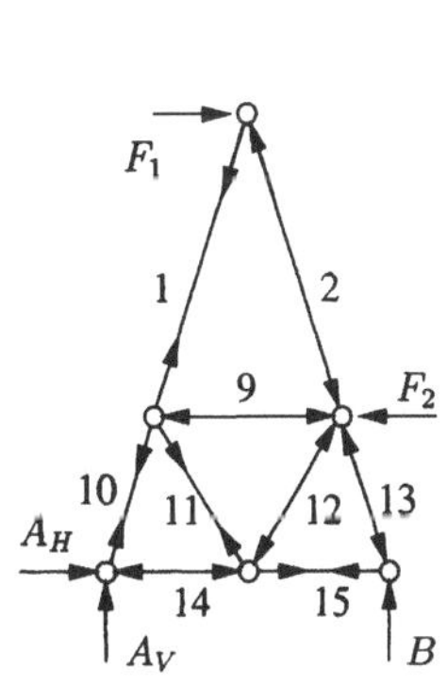

$$\uparrow \quad \sum_i F_{iV} = 0 = -S_1 \sin\alpha - S_2 \sin\alpha \qquad \Rightarrow S_1 = -S_2$$

$$\rightarrow \quad \sum_i F_{iH} = 0 = F_1 - S_1 \cos\alpha + S_2 \cos\alpha \qquad \Rightarrow S_2 = -2\sqrt{10}\ \text{kN}.$$

Zur Berechnung der Stabkraft S_9 können verschiedene Schnitte herangezogen werden. Wir wählen den folgenden Schnitt aus und bilden das Gleichgewicht der senkrecht zu S_1 bzw. S_{10} stehenden Kräfte.

Schnitt V:

$$\searrow \quad \sum_i F_{iD} = 0 = S_9 \sin\alpha + S_{11} \sin(90° + \beta - \alpha) \qquad \Rightarrow S_9 = -3\ \text{kN}$$

$$\text{mit} \quad \gamma = 90° - \beta.$$

Die verbliebenen Gleichgewichtsbedingungen - insbesondere für den bisher noch nicht betrachteten Knoten - können schließlich zur Kontrolle herangezogen werden. Zur besseren Übersicht stellen wir die berechneten Stabkräfte in einer Tabelle zusammen.

S_i	1	2	3	4	5	6	7	8	9	10	11	12	13	14	15
[kN]	6,32	-6,32	0	0	6,32	0	0	-6,32	-3	3,16	3,61	-3,61	-3,16	-3	1

Als alternatives, zeichnerisches Lösungsverfahren bietet sich der *Cremona*-Plan an. Zur Herleitung und Handhabung dieses Verfahrens sei an dieser Stelle lediglich auf die ausführliche Beschreibung in Band I der „Elemente der Mechanik" (Abschnitt 10.4.3.2) verwiesen.

Umlaufsinn: $\curvearrowright$

$1\ \text{cm} \equiv 1\ \text{kN}$

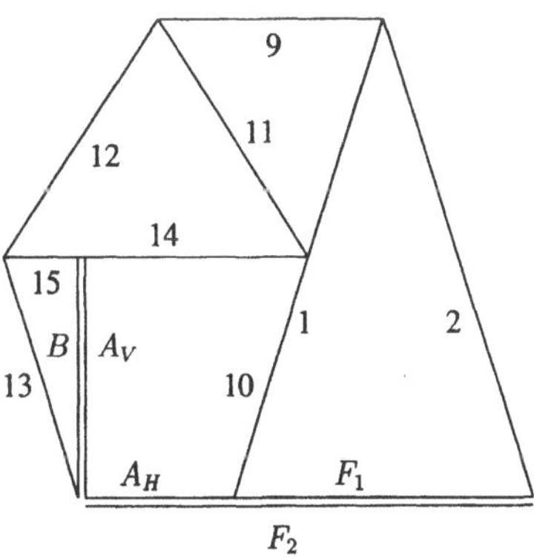

Die abzumessenden Längen ergeben abermals die Werte der o.g. Tabelle.

Aufgabe 7.2:

Bestimmen Sie die Stabkräfte des nebenstehenden Systems.

Gegeben: $F_1 = 2\,\text{kN}$, $F_2 = 10\,\text{kN}$, $F_3 = 4\,\text{kN}$,
   a.

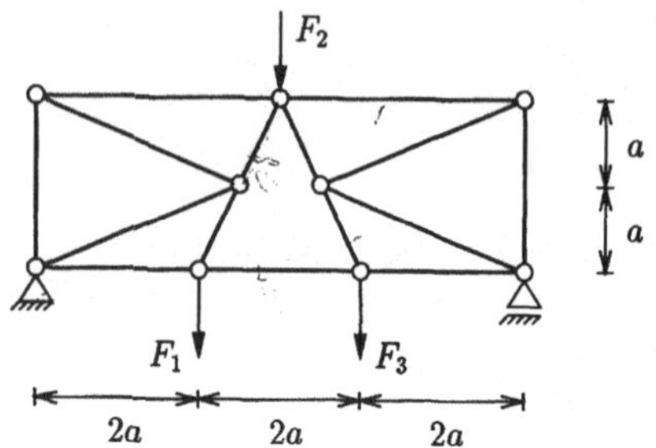

Lösung: Das vorliegende Fachwerk besteht aus $s = 15$ Stäben mit $k = 9$ Knoten, so dass nach
(7.1) die innere statische Bestimmtheit gegeben ist. Offensichtliche Nullstäbe lassen sich ferner keine
ausmachen.

Berechnung der Auflagerreaktionen:

$$\tan\alpha = 0{,}5 \quad \Rightarrow \alpha = 26{,}57°$$

$$\tan\beta = 0{,}4 \quad \Rightarrow \beta = 21{,}80°$$

$$\rightarrow \quad \sum_i F_{iH} \ = 0 = A_H$$

$$\curvearrowleft \quad \sum_i M_{i(A)} = 0 = F_1\,2a + F_2\,3a + F_3\,4a - B\,6a \quad \Rightarrow B \ = 8{,}33\,\text{kN}$$

$$\uparrow \quad \sum_i F_{iV} \ = 0 = A_V + B - F_1 - F_2 - F_3 \quad \Rightarrow A_V = 7{,}67\,\text{kN}.$$

Eine rekursive Bestimmung der Stabkräfte mit Hilfe des Knotenschnitt-Verfahrens ist hier nicht mehr
möglich, da bei jedem Knotenschnitt mindestens drei unbekannte Stabkräfte an einem Knoten angreifen. In solchen Fällen sollte auf das Ritter-Schnittverfahren zurückgegriffen werden (siehe Band
I, Abschnitt 10.4.3), mit Hilfe dessen sich einzelne interessierende Stäbe berechnen lassen. Danach
können dann sukzessive mit Hilfe des Knotenschnitt-Verfahrens alle weiteren Stabkräfte berechnet
werden. Die ersten beiden Schnitte sind in der oben dargestellten Skizze angegeben.

Schnitt I:

$$\curvearrowleft \quad \sum_i M_{i(P_1)} = 0 = A_V\,3a - F_1\,a - S_8\,2a \quad \Rightarrow S_8 = 10{,}50\,\text{kN}$$

$$\curvearrowleft \quad \sum_i M_{i(P_2)} = 0 = A_V\,2a + S_4\,2a \quad \Rightarrow S_4 = -7{,}67\,\text{kN}$$

$$\uparrow \quad \sum_i F_{iV} \ = 0 = A_V - F_1 + S_5\cos\alpha \quad \Rightarrow S_5 = -6{,}34\,\text{kN}.$$

Schnitt II:

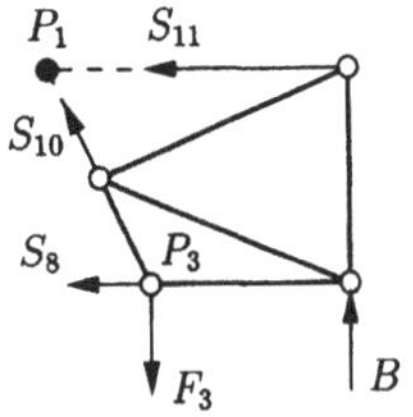

$$\curvearrowleft \quad \sum_i M_{i(P_3)} = 0 = B\,2a + S_{11}\,2a \qquad \Rightarrow S_{11} = -8{,}33\,\text{kN}$$

$$\uparrow \quad \sum_i F_{iV} = 0 = B - F_3 + S_{10}\cos\alpha \qquad \Rightarrow S_{10} = -4{,}85\,\text{kN}$$

$$\curvearrowright \quad \sum_i M_{i(P_1)} = 0 = -B\,3a + F_3\,a + S_8\,2a \qquad \Rightarrow S_8 = 10{,}50\,\text{kN}.$$

Die dritte Gleichung dient dabei ausschließlich der Kontrolle der Stabkraft S_8. Alle weiteren Stabkräfte können nun mit Hilfe des Knotenschnitt-Verfahrens bestimmt werden.

Schnitt III:

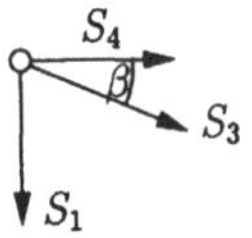

$$\rightarrow \quad \sum_i F_{iH} = 0 = S_4 + S_3\cos\beta \qquad \Rightarrow S_3 = 8{,}26\,\text{kN}$$

$$\uparrow \quad \sum_i F_{iV} = 0 = -S_1 - S_3\sin\beta \qquad \Rightarrow S_1 = -3{,}07\,\text{kN}.$$

Schnitt IV:

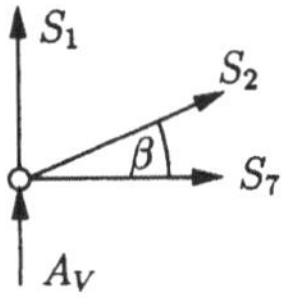

$$\uparrow \quad \sum_i F_{iV} = 0 = A_V + S_1 + S_2\sin\beta \qquad \Rightarrow S_2 = -12{,}39\,\text{kN}$$

$$\rightarrow \quad \sum_i F_{iH} = 0 = S_7 + S_2\cos\beta \qquad \Rightarrow S_7 = 11{,}50\,\text{kN}.$$

Schnitt V:

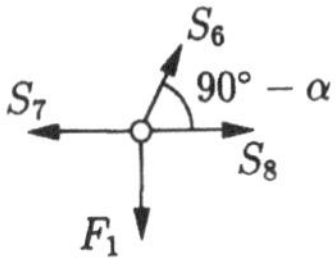

$$\uparrow \quad \sum_i F_{iV} - 0 - S_6\sin(90° - \alpha) - F_1 \qquad \rightarrow S_6 - 2{,}24\,\text{kN}$$

oder alternativ

$$\rightarrow \quad \sum_i F_{iH} = 0 = -S_7 + S_6\cos(90° - \alpha) + S_8 \qquad \Rightarrow S_6 = 2{,}24\,\text{kN}.$$

Schnitt VI:

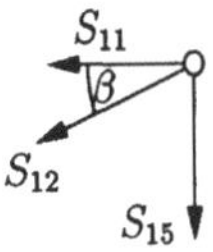

$$\rightarrow \quad \sum_i F_{iH} = 0 = -S_{11} - S_{12}\cos\beta \qquad \Rightarrow S_{12} = 8{,}98\,\text{kN}$$

$$\uparrow \quad \sum_i F_{iV} = 0 = -S_{15} - S_{12}\sin\beta \qquad \Rightarrow S_{15} = -3{,}33\,\text{kN}.$$

Schnitt VII:

$$\uparrow \quad \sum_i F_{iV} = 0 = S_{13}\sin\beta + S_{15} + B \qquad \Rightarrow S_{13} = -13{,}46\,\text{kN}$$

$$\rightarrow \quad \sum_i F_{iH} = 0 = -S_{14} - S_{13}\cos\beta \qquad \Rightarrow S_{14} = 12{,}50\,\text{kN}.$$

Schnitt VIII:

$$\uparrow \quad \sum_i F_{iV} \; S_9\sin(90° - \alpha) - F_3 \qquad \Rightarrow S_9 = 4{,}47\,\text{kN}$$

oder alternativ

$$\rightarrow \quad \sum_i F_{iH} \; -S_8 - S_9\cos(90° - \alpha) + S_{14} \qquad \Rightarrow S_9 = 4{,}47\,\text{kN}.$$

Die gerundeten Werte der Stabkräfte sind in der folgenden Tabelle zusammengestellt:

S_i	1	2	3	4	5	6	7	8	9	10	11	12	13	14	15
[kN]	-3,1	-12,4	8,3	-7,7	6,3	2,3	11,5	10,5	4,5	-4,8	-8,3	9,0	-13,5	12,5	-3,3

Aufgabe 7.3:

Ermitteln Sie die Stabkräfte der angekreuzten Stäbe des abgebildeten Fachwerkes.

Gegeben: F, F_1, a

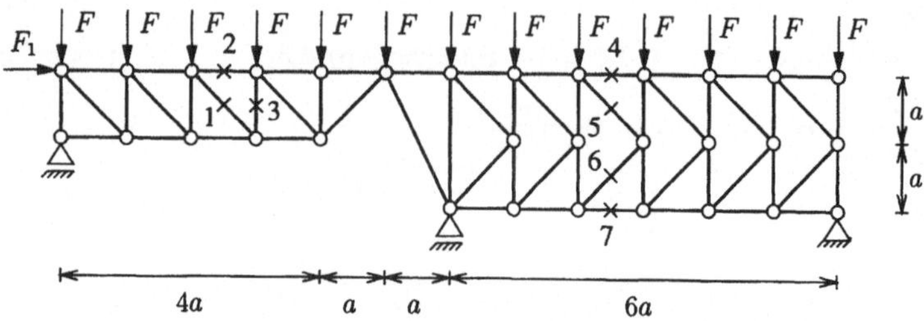

Lösung: Im vorliegenden Fall handelt es sich um ein mehrteiliges Fachwerk, bei dem die Frage der statischen Bestimmtheit und der Unverschiebbarkeit nur im Zusammenhang mit den Auflagern zu entscheiden ist (siehe Band I, Abschnitt 10.4.2). Bei insgesamt $s = 58$ Stäben und $k = 31$ Knoten erhalten wir nämlich aus (7.1)

$$58 < 2 \cdot 31 - 3 = 59\,.$$

Erst wenn wir die Auflager mit berücksichtigen ($a = 4$),

$$a + s = 2k\,,$$

ist diese notwendige Bedingung für statische Bestimmtheit erfüllt. Offensichtliche Nullstäbe liegen in diesem Fachwerk nicht vor.

In der nachfolgenden Abbildung sind alle zur weiteren Berechnung notwendigen Schnitte (I bis IV) angegeben. Zur Bestimmung der Auflagerreaktionen wird das Fachwerk zunächst durch einen Schnitt durch das Gelenk G in 2 Teile getrennt. An der Schnittstelle treten dann als Reaktionskräfte die angegebenen Gelenkkräfte auf.

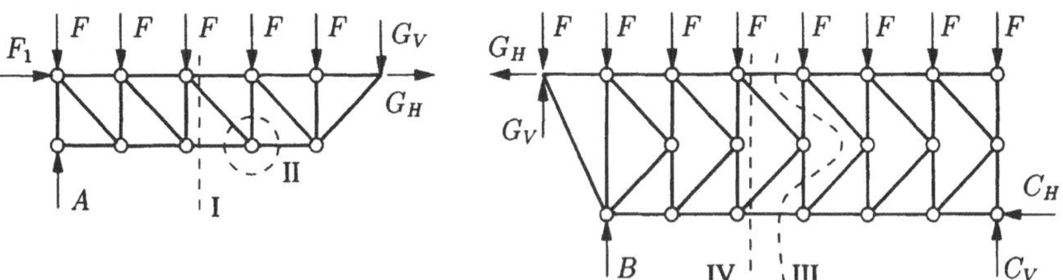

Berechnung der Auflagerkräfte:

$$\curvearrowright \quad \sum_i M_{i(G_l)} = 0 = A\,5a - F\,(5a + 4a + 3a + 2a + a) \qquad \Rightarrow A\ = 3F$$

$$\curvearrowright \quad \sum_i M_{i(B)}\ = 0 = C_V\,6a - F_1\,2a - A\,6a \qquad \Rightarrow C_V = \tfrac{1}{3}F_1 + 3F$$

$$\curvearrowright \quad \sum_i M_{i(C)}\ = 0 = B\,6a - F\,78a + F_1\,2a + A\,12a \qquad \Rightarrow B\ = 7F - \tfrac{1}{3}F_1$$

$$\rightarrow \quad \sum_i F_{iH}\ = 0 = F_1 - C_H \qquad \Rightarrow C_H = F_1\,.$$

Schnitt I:

$$\curvearrowright \quad \sum_i M_{i(P_1)} = 0 = S_2\,a - F\,(3a + 2a + a) + F_1\,a + A\,3a$$

$$\Rightarrow S_2\ \ = -3F - F_1$$

$$\downarrow \quad \sum_i F_{iV}\ \ - 0 - S_1 \cos\alpha + 3F - A$$

$$\Rightarrow S_1\ \ = 0\,.$$

Schnitt II:

$$\rightarrow \quad \sum_i F_{iV} = 0 = S_3 + S_1 \cos\alpha \quad \Rightarrow S_3 = 0\,.$$

Schnitt III:

$$\curvearrowright \quad \sum_i M_{i(P_2)} = 0 = S_7\,2a + F\,(3a + 2a + a) + C_H\,2a - C_V\,3a$$

$$\Rightarrow S_7\ \ = \tfrac{3}{2}F - \tfrac{1}{2}F_1$$

$$\leftarrow \quad \sum_i F_{iH}\ = 0 = S_4 + S_7 + C_H$$

$$\Rightarrow S_4\ \ = -\tfrac{3}{2}F - \tfrac{1}{2}F_1\,.$$

Schnitt IV:

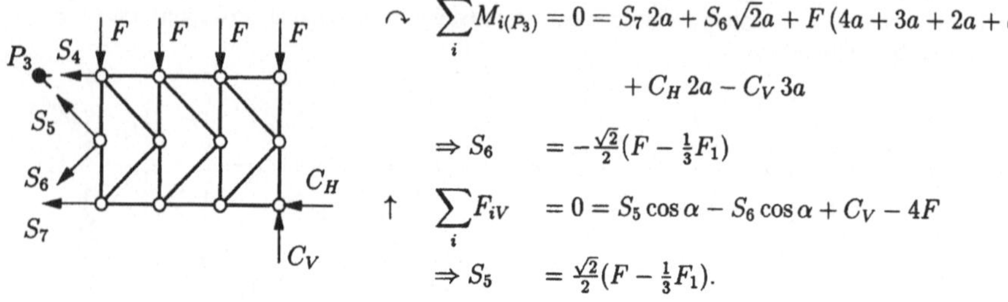

$$\curvearrowright \sum_i M_{i(P_3)} = 0 = S_7\, 2a + S_6\sqrt{2}a + F\,(4a + 3a + 2a + a)$$

$$+ C_H\, 2a - C_V\, 3a$$

$$\Rightarrow S_6 = -\tfrac{\sqrt{2}}{2}(F - \tfrac{1}{3}F_1)$$

$$\uparrow \quad \sum_i F_{iV} = 0 = S_5\cos\alpha - S_6\cos\alpha + C_V - 4F$$

$$\Rightarrow S_5 = \tfrac{\sqrt{2}}{2}(F - \tfrac{1}{3}F_1).$$

Ergebnistabelle:

S_i	S_1	S_2	S_3	S_4	S_5	S_6	S_7
	0	$-3F - F_1$	0	$-\tfrac{3}{2}F - \tfrac{1}{2}F_1$	$\tfrac{\sqrt{2}}{2}(F - \tfrac{1}{3}F_1)$	$-\tfrac{\sqrt{2}}{2}(F - \tfrac{1}{3}F_1)$	$\tfrac{3}{2}F - \tfrac{1}{2}F_1$

7.3   Aufgaben

Aufgabe 7.4:

Die Stabkräfte des nebenstehenden Systems sind
anzugeben.

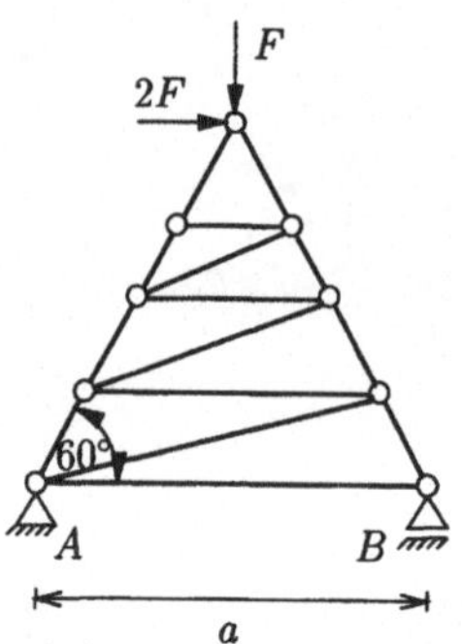

Aufgabe 7.5:

Die Stabkräfte des angegebenen Fachwerkes
sind zu bestimmen.

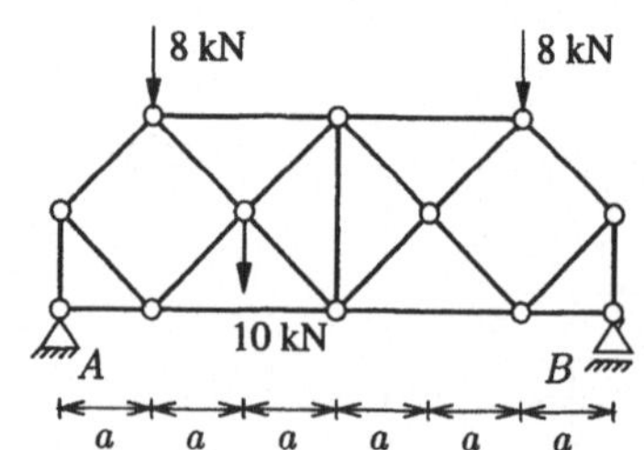

Aufgabe 7.6:

Ermitteln Sie die Stabkräfte der angekreuzten Stäbe.

Gegeben: $F = 4\,\text{kN}$

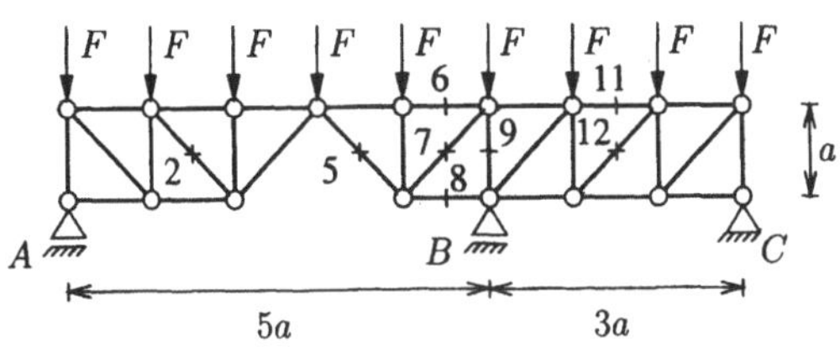

Aufgabe 7.7:

Bestimmen Sie die Stabkräfte des dargestellten
Fachwerkes.

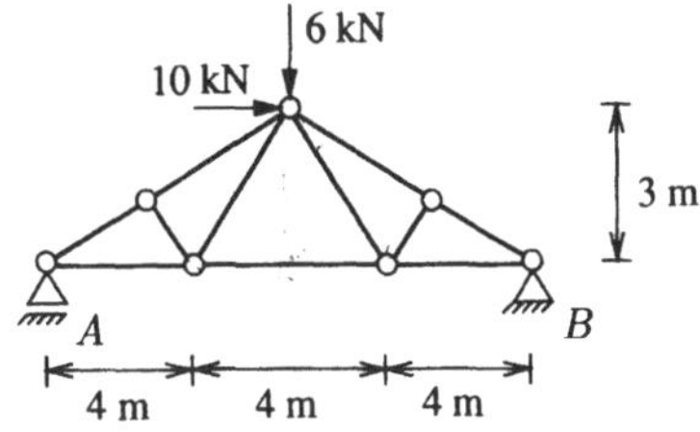

Aufgabe 7.8:

Ermitteln Sie die Stabkräfte des angegebenen
Systems.

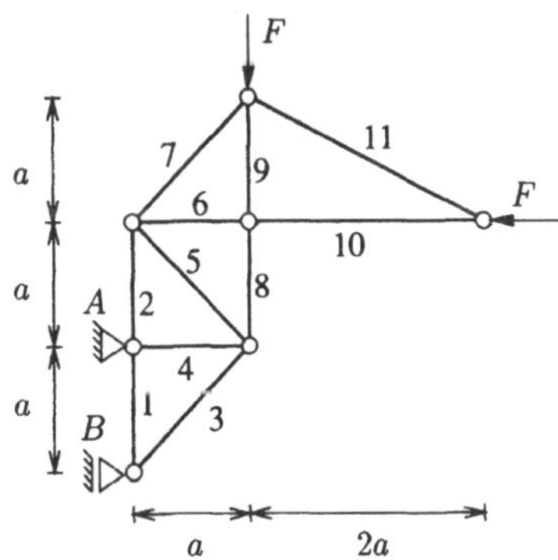

Aufgabe 7.9:

Die Stabkräfte des nebenstehenden Systems sind zu bestimmen.

Gegeben: $F = 1\,\text{kN}, a = 2\,\text{m}$

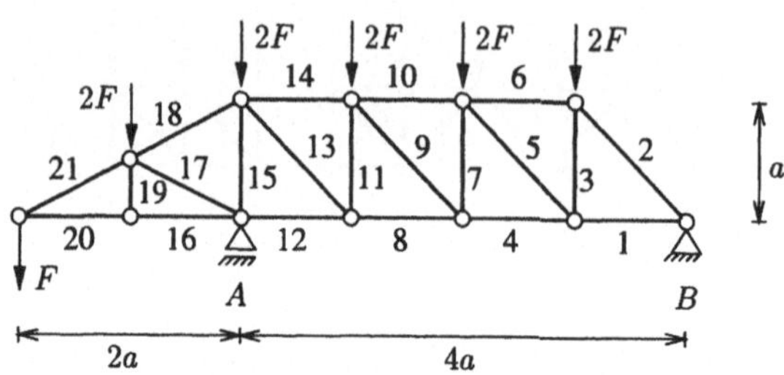

Aufgabe 7.10:

Ermitteln Sie die Stabkräfte der angekreuzten Stäbe des abgebildeten Fachwerkes.

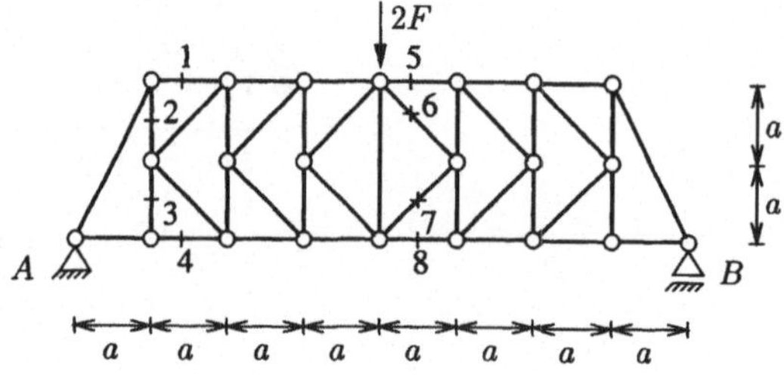

Aufgabe 7.11:

Bestimmen Sie die Kräfte in den angekreuzten Stäben des Fachwerkes.

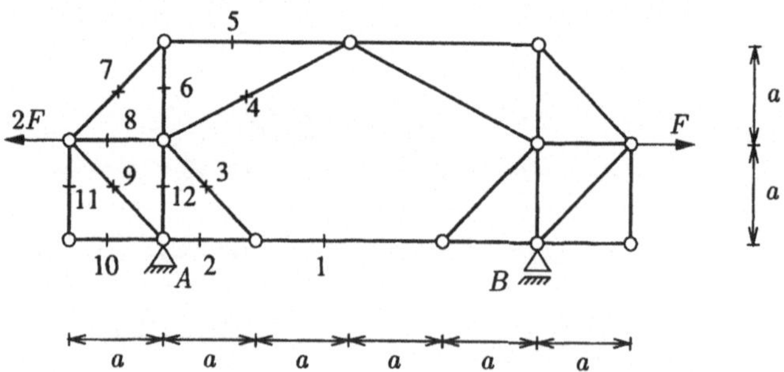

Aufgabe 7.12:

Bestimmen Sie die Kräfte in den angekreuzten Stäben des Fachwerkes.

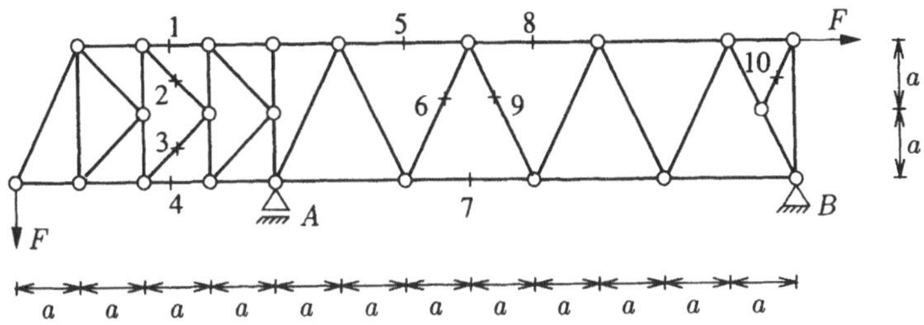

Aufgabe 7.13:

Das dargestellte Fachwerk ist zu untersuchen:
a) auf seine innerliche und äußerliche statische Bestimmtheit.
b) Bestimmen Sie die Kräfte in den angekreuzten Stäben.

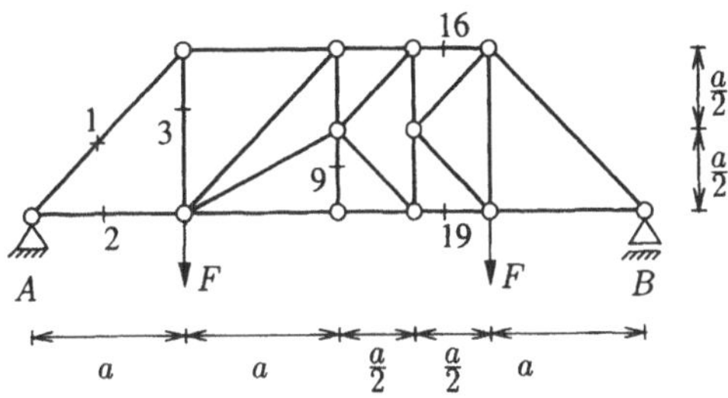

Aufgabe 7.14:

Das dargestellte Fachwerk ist zu untersuchen:
a) auf seine innerliche und äußerliche statische Bestimmtheit.
b) Geben Sie alle offensichtlichen Nullstäbe an.
c) Bestimmen Sie die Kräfte in den angekreuzten Stäben.

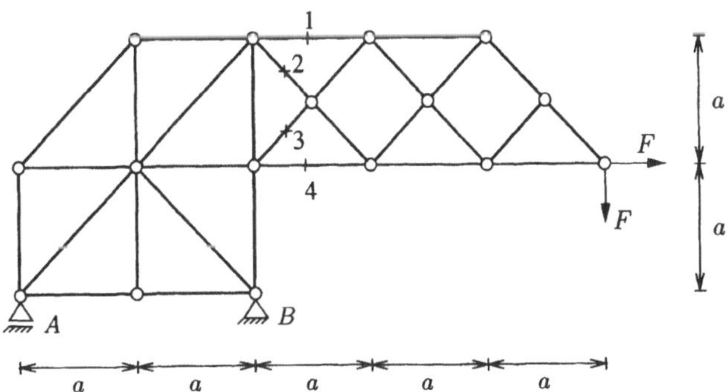

8 Das Prinzip der virtuellen Verschiebungen

8.1 Allgemeines

Unter einer virtuellen Verschiebung $\delta\mathbf{r}_i$ wollen wir eine gedachte, bei festgehaltener Zeit ausgeführte, mit den kinematischen Bedingungen verträgliche, hinreichend kleine (differentielle) Verschiebung verstehen, unter der sich die auf den Körper einwirkenden Kräfte nicht ändern (Band I, Def. 11.1). Mathematisch stellen die virtuellen Verschiebungen eine Variation des Verschiebungszustandes eines Körpers bei festgehaltener Zeit dar.

Für starre Körper lässt sich zeigen, dass die bei einer virtuellen Verschiebung geleistete Arbeit (virtuelle Arbeit) stets verschwindet

$$\boxed{\delta A = \sum_i \delta A_i = \sum_i \{\mathbf{F}_i \cdot \delta\mathbf{r}_i\} = 0\,.} \tag{8.1}$$

wenn die an dem Körper angreifenden Kräfte $\mathbf{F}_i$ ein Gleichgewichtssystem bilden (Band I, Satz 11.1). Berücksichtigen wir nun, dass die virtuelle Verschiebung $\delta\mathbf{r}_i$ für einen starren Körper durch

$$\delta\mathbf{r}_i = \delta\mathbf{r}_0 + \delta\boldsymbol{\varphi} \times (\mathbf{r}_i - \mathbf{r}_0) \tag{8.2}$$

beschrieben wird, so können wir diese Aussage – in Umkehrung des Satzes – auch dazu benutzen, durch Vorgabe von (8.1) als Prinzip der virtuellen Arbeit, die bekannten Gleichgewichtsbedingungen der Statik

$$\sum_i \mathbf{F}_i = \mathbf{0}, \quad \sum_i \mathbf{M}_{i(0)} = \mathbf{0} \tag{8.3}$$

herzuleiten (Band I, Abschnitt 11.2). Das Prinzip der virtuellen Arbeit stellt damit eine alternative Lösungsmethode zur Behandlung von Problemen der Statik bereit – ohne die Gleichgewichtsbedingungen benutzen zu müssen. Dies kann gelegentlich von Vorteil sein.

Das Prinzip der virtuellen Arbeit kann schließlich auch auf Körper übertragen werden, die noch kinematischen Bedingungen unterliegen. Dann wird aus (8.1)

$$\boxed{\delta A^{(e)} = \sum_i \{\mathbf{F}_i^{(e)} \cdot \delta\mathbf{r}_i\} = 0,} \tag{8.4}$$

(Band I, Satz 11.4) wobei die $\mathbf{F}_i^{(e)}$ die an dem Körper angreifenden eingeprägten Kräfte sind. Dieses Prinzip können wir u.a. zur Lösung der folgenden Aufgaben heranziehen:

1. Bestimmung unbekannter eingeprägter Kräfte in einem Gleichgewichtssystem,
2. Festlegung einzelner System-Parameter zur Erfüllung der Gleichgewichtsbedingungen,
3. Bestimmung von Reaktionen in einem Gleichgewichtssystem, indem man unter Anwendung des Befreiungsprinzips die betreffenden kinematischen Bindungen löst und sie durch unbekannte eingeprägte Kräfte ersetzt,
4. Bestimmung der Gleichgewichtslagen von beweglichen Systemen.

Zur Bestimmung der kinematischen Zusammenhänge verschieblicher Systeme ist es gelegentlich von Vorteil, die Momentanpole der Bewegung zu kennen, d.h. die Punkte, um die sich die jeweiligen Teile eines Systems momentan bewegen (siehe Band III, Abschnitt 6.1).

Zur Konstruktion dieser Pole wollen wir hier die folgenden einfachen Merkregeln benutzen:

1. Ein Festlager markiert einen Absolutpol $P_{(i)}$ eines entsprechenden Teils, ein Gelenk zwischen zwei Teilen einen Relativpol $P_{(i,j)}$.
2. Die Absolutpole $P_{(i)}$ und $P_{(j)}$ zweier gelenkig verbundener Teile und ihr Relativpol $P_{(i,j)}$ liegen auf einer Geraden.
3. Die momentane Geschwindigkeit bzw. die virtuelle Verschiebung eines Körperpunktes steht stets senkrecht auf dem zugehörigen Polstrahl (Verbindung des Punktes mit dem zugehörigen Absolutpol).

Insbesondere die dritte Regel kann hilfreich sein, in Kenntnis der Momentanpole Aussagen zur Kinematik beweglicher Systeme zu machen.

8.2 Beispiele

Aufgabe 8.1:

Bestimmen Sie die Kraft F_2 in der Presse, wenn F_1 und α gegeben sind.

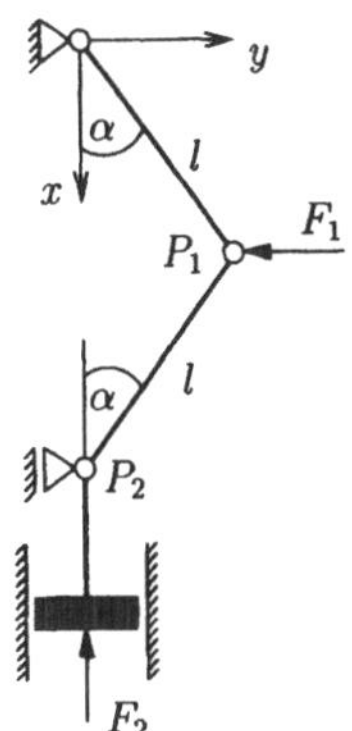

Lösung: Das 1-fach verschiebliche System soll den Gleichgewichtsbedingungen genügen.

Als eingeprägte Kräfte greifen in P_1 und P_2 die beiden Kräfte F_1 und F_2 an. Für sie gilt nach (8.4)

$$\delta A^{(e)} = \mathbf{F}_1 \cdot \delta \mathbf{r}_1 + \mathbf{F}_2 \cdot \delta \mathbf{r}_2 = 0 \, .$$

Für die Ortsvektoren von P_1 und P_2 lesen wir aus der Aufgabe ab

$$\mathbf{r}_1 \stackrel{\wedge}{=} (x_1, y_1), \quad \mathbf{r}_2 \stackrel{\wedge}{=} (x_2, 0)$$

und dementsprechend gilt auch

$$\delta \mathbf{r}_1 \stackrel{\wedge}{=} (\delta x_1, \delta y_1), \quad \delta \mathbf{r}_2 \stackrel{\wedge}{=} (\delta x_2, 0)$$

mit den kinematischen Zusammenhängen

$$x_1 = l \cos \alpha, \quad \delta x_1 = -l \sin \alpha \, \delta \alpha$$

$$y_1 = l \sin \alpha, \quad \delta y_1 = l \cos \alpha \, \delta \alpha$$

$$x_2 = 2l \cos \alpha, \quad \delta x_2 = -2l \sin \alpha \, \delta \alpha \, .$$

Wir erhalten so

$$\delta A^{(e)} = -F_1 \, \delta y_1 - F_2 \, \delta x_2 = -(F_1 \cos \alpha - 2F_2 \sin \alpha) \, l \, \delta \alpha = 0$$

und daraus folgt

$$F_2 = \frac{F_1}{2 \tan \alpha}, \quad \alpha \neq 0 \, .$$

Aufgabe 8.2:

Für den dargestellten Gerberträger ist das Biegemoment an der Stelle A zu ermitteln.

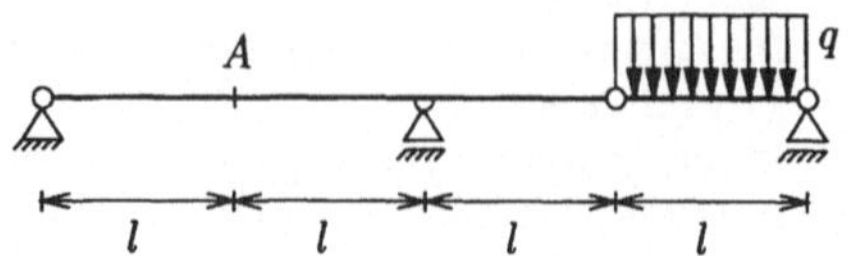

Lösung: Unter Anwendung des Befreiungsprinzips lösen wir an der Stelle A die dem Biegemoment
M zugeordnete kinematische Bindung und führen ein Gelenk ein, das Verdrehungen in A zulässt.
Die entsprechende Reaktion wird nun als unbekanntes äußeres Moment angegeben. Bei einer vorgegebenen virtuellen Verdrehung $\delta\varphi$ erhalten wir so

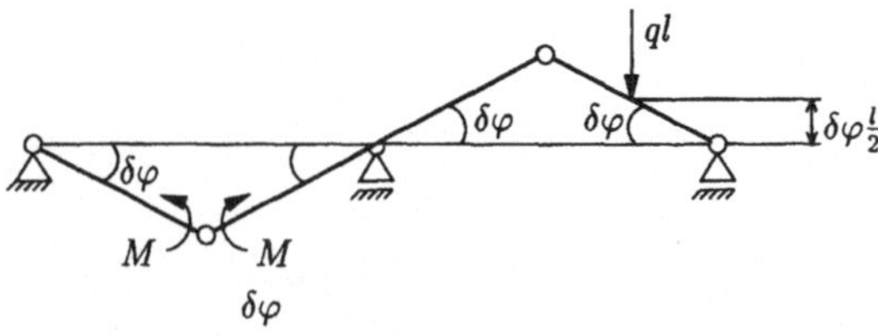

$$\delta A^{(e)} = -2M\,\delta\varphi - ql\,\frac{l}{2}\,\delta\varphi = -(2M + q\,\frac{l^2}{2})\,\delta\varphi = 0\,.$$

Daraus folgt

$$M = -q\,\frac{l^2}{4}\,.$$

Aufgabe 8.3:

Bestimmen Sie das Kurbelmoment M so, dass
das Kurbelgetriebe im Gleichgewicht ist, wenn
auf den Kolben die Kraft F wirkt.

Gegeben: F, r, l, φ

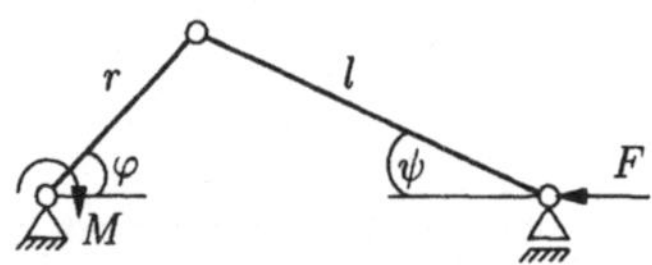

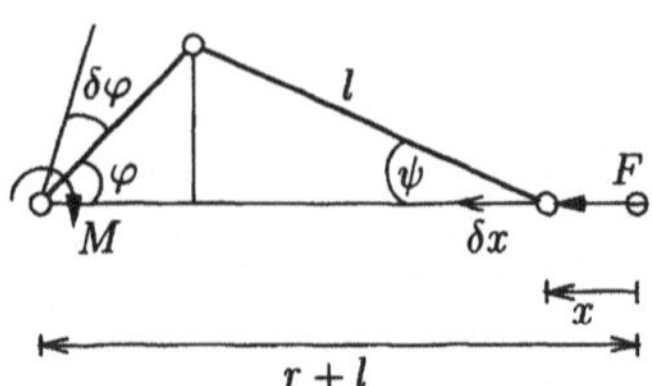

Lösung: Wir unterwerfen das System einer virtuellen
Verschiebung und erhalten gemäß (8.4)

$$\delta A^{(e)} = -M\delta\varphi + F\delta x = 0\,,$$

wobei x die horizontale Verschiebung des Punktes B
angibt. Den Zusammenhang mit der Verdrehung φ ermitteln wir über die Kinematik des Systems.

1. Weg: Wir lesen aus der Skizze ab

$$r \sin\varphi = l \sin\psi \quad \Rightarrow \quad \sin\psi = \frac{r}{l}\sin\varphi$$

$$x = r(1 - \cos\varphi) + l(1 - \cos\psi)$$

$$= r(1 - \cos\varphi) + l\left\{ 1 - \sqrt{1 - (\tfrac{r}{l})^2 \sin^2\varphi} \right\}.$$

Damit gilt dann auch für die Variation dieses Zusammenhangs

$$\delta x = r\sin\varphi\left\{ 1 + \frac{r}{l}\frac{\cos\varphi}{\sqrt{1 - (\tfrac{r}{l})^2 \sin^2\varphi}} \right\}\delta\varphi$$

und wir erhalten durch Einsetzen in die virtuelle Arbeit

$$\delta\varphi\left\{ -M + Fr\sin\varphi\left\{ 1 + \frac{r}{l}\frac{\cos\varphi}{\sqrt{1 - (\tfrac{r}{l})^2 \sin^2\varphi}} \right\} \right\} = 0$$

bzw.

$$M = Fr\sin\varphi\left\{ 1 + \frac{r}{l}\frac{\cos\varphi}{\sqrt{1 - (\tfrac{r}{l})^2 \sin^2\varphi}} \right\}.$$

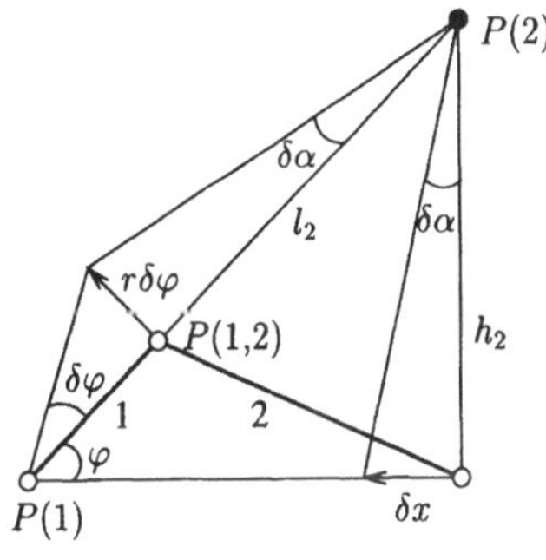

2. Weg: Wir bestimmen die Lage der Momentanpole des Systems entsprechend nebenstehender Skizze. Die Kinematik können wir dann aus den folgenden Beziehungen ableiten

$$r\,\delta\varphi = l_2\,\delta\alpha, \quad \delta x = h_2\,\delta\alpha \quad \Rightarrow \quad \delta x = r\,\frac{h_2}{l_2}\,\delta\varphi$$

$$h_2 = r\sin\varphi + l\tan\varphi\,\sqrt{1 - (\tfrac{r}{l})^2 \sin^2\varphi}$$

$$l_2 = \frac{l}{\cos\varphi}\,\sqrt{1 - (\tfrac{r}{l})^2 \sin^2\varphi}.$$

Setzen wir dies in die obige Beziehung zwischen δx und $\delta\varphi$ ein, so erhalten wir

$$\delta x = r\sin\varphi\left\{ 1 + \frac{r}{l}\frac{\cos\varphi}{\sqrt{1 - (\tfrac{r}{l})^2 \sin^2\varphi}} \right\}.$$

und damit weiter wie beim ersten Lösungsweg.

8.3   Aufgaben

Aufgabe 8.4:

Bestimmen Sie das Biegemoment an der Stelle
A mit Hilfe des Prinzips der virtuellen Verschiebungen.

Gegeben: H, F, l

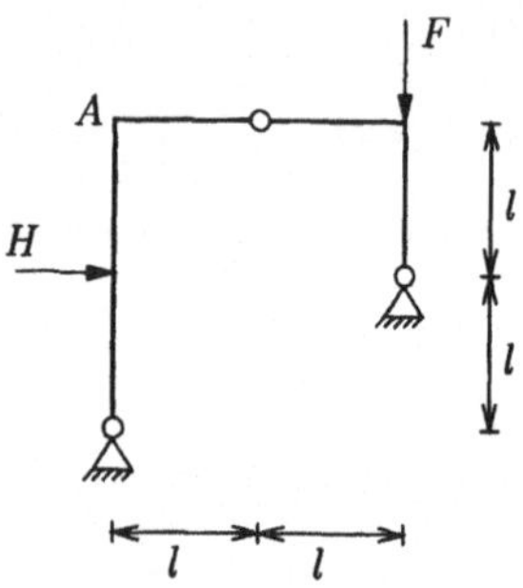

Aufgabe 8.5:

Bestimmen Sie mit Hilfe des Prinzips der virtuellen Verschiebungen die Stabkräfte in den angekreuzten Stäben.

Gegeben: F, a

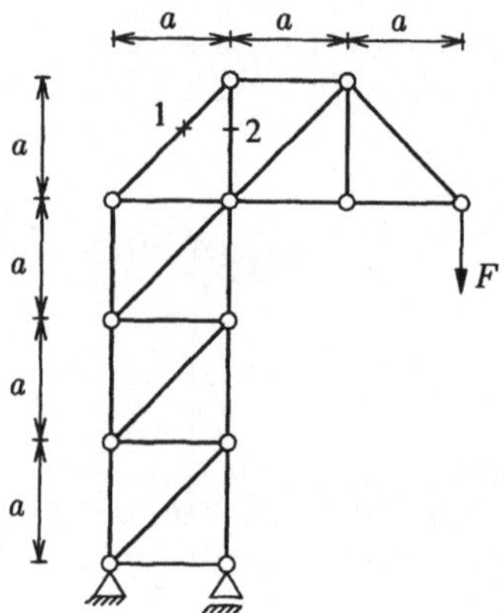

Aufgabe 8.6:

An dem in der Abbildung dargestellten System
greift in horizontaler Richtung die Kraft F_1 an.
Wie groß muss die vertikal angreifende Kraft F_2
werden, damit das System im Gleichgewicht ist?
Das System ist reibungsfrei.

Gegeben: F_1, α, l

Aufgabe 8.7:

Die beladene Pritsche (Gewicht G, Schwerpunkt S) eines Kippers wird durch den skizzierten Mechanismus geneigt. Berechnen Sie das hierzu erforderliche Moment M in Abhängigkeit vom Neigungswinkel φ.

Gegeben: G,a,b,c.

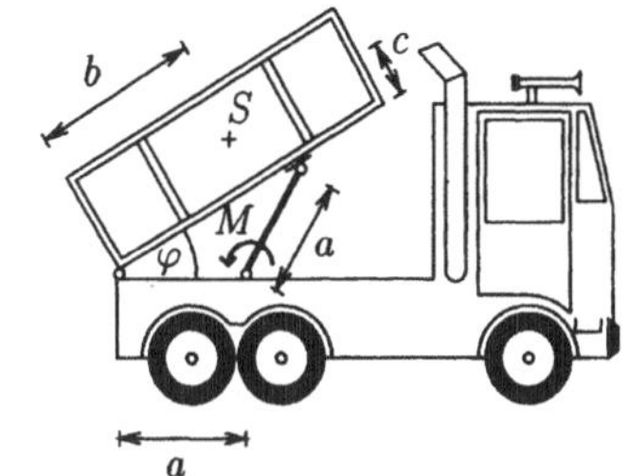

Aufgabe 8.8:

Bei einer Zugbrücke (Masse m_1) soll die Kurve C, auf der das Gegengewicht (Masse m_2) zur Brücke läuft, so bestimmt werden, dass stets Gleichgewicht herrscht. Außerdem soll C bei heruntergelassener Brücke durch den Punkt A gehen. Die Länge des als gewichtlos angenommenen Seiles sei l.

Gegeben: h, s und a.

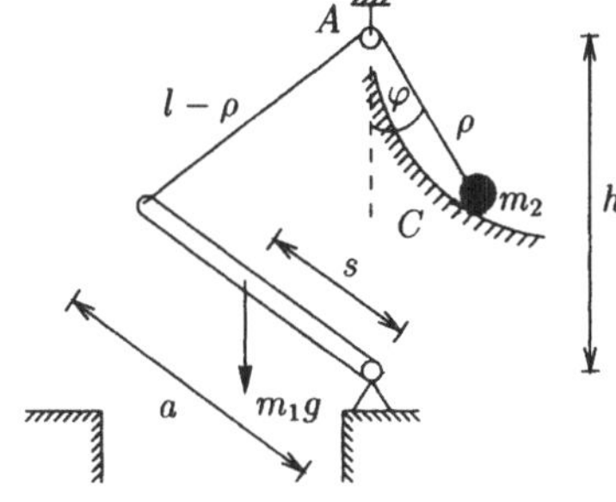

9 Seile

9.1 Allgemeines

Als Seile wollen wir solche Tragwerke bezeichnen, die wegen verschwindender Biegesteifigkeit lediglich Normalkräfte, und dabei auch nur Zugkräfte aufnehmen können. Bei gegebener Belastung führt dies dazu, dass das Gleichgewicht erst nach z. T. erheblichen Verschiebungen in der deformierten Lage eingenommen werden kann.

Wir setzen hier zusätzlich voraus, dass das Seil undehnbar sei, dass es seine anfängliche Länge l_0 also beibehalte. Unsere Aufgabe besteht dann darin, die sich unter der Belastung $\mathbf{p}^*(s)$ einstellende Seilkurve $\mathbf{r}(s)$ und die im Seil wirkende Seilkraft $\mathbf{S} = S(s)\,\mathbf{e}_t$, $(S > 0)$ zu bestimmen (siehe Band I, Kapitel 12).

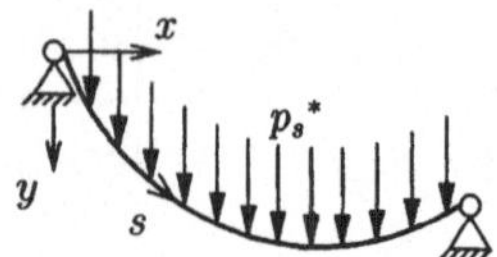

Bei vertikaler Belastung erhalten wir daraus ein ebenes Problem, bei dem wir die Seilkurve in der Form $z = z(x)$ angeben können. Bezeichnen wir mit H und V die jeweilige Horizontal- und Vertikalkomponente von $S(s)$ und mit $p^*(s)$ die vertikale Belastung längs der Seilkurve, so erhalten wir für die Seilkurve $z(x)$ die nicht-lineare Differentialgleichung

$$\boxed{\frac{z''}{\sqrt{1 + (z')^2}} = -\frac{p^*(s)}{H}},\qquad (9.1)$$

wobei zusätzlich zu z und x mit s eine Koordinate längs der Seilkurve eingeführt wurde.
Ferner gilt

$$H = \text{konst.}, \qquad V = H\,z'. \qquad (9.2)$$

Je nach Vorgabe der Belastung lassen sich verschiedene Lösungen für (9.1) angeben:
1. Für das durch Eigengewicht belastete Seil gilt $p^*(s) = p^* = \text{konst.}$ und wir erhalten

$$z = z(0) - \frac{H}{p^*}\left\{\cosh\left[c - \frac{p^*}{H}\,x\right] - \cosh c\right\}. \qquad (9.3)$$

Die Integrationskonstanten $z(0)$ und c sind aus den Randbedingungen des Problems, H ist aus den Angaben über die Seillänge, z.B. für das undehnbare Seil aus

$$l_0 = \int_0^{l_0} \mathrm{d}s = \int_x \sqrt{1 + (z')^2}\,\mathrm{d}x \qquad (9.4)$$

zu errechnen.
2. Ist die Belastung dagegen in der Form $p(x)$ gegeben, also bezogen auf die Einheit der horizontalen Länge und der Koordinate x zugeordnet, vereinfacht sich (9.1) ganz wesentlich zu

$$\boxed{z''(x) = -\frac{p(x)}{H}\,,}$$

(9.5)

einer linearen Differentialgleichung, die sich unmittelbar integrieren lässt. Die Bestimmung des Parameters H erfolgt wiederum über die Beziehung (9.4).

Für den Sonderfall straff gespannter Seile können wir schließlich noch weiter vereinfachen. Dann gilt $z' \ll 1$ und auch die Differentialgleichung für das durch Eigengewicht belastete Seil (9.1) nimmt die lineare Form (9.5) an. Zur Bestimmung des Parameters $H \approx S$ können wir durch Reihenentwicklung der aus der Bedingung (9.4) folgenden transzendenten Gleichung eine Näherungslösung angeben, die für beide behandelten Fälle übereinstimmt (Band I, Abschnitte 12.3.2 und 12.3.3).

9.2 Beispiel

Aufgabe 9.1:

Zwischen zwei Masten mit dem Abstand $a =$ 20 m wird ein nicht dehnbares Seil der Länge $l_0 = 45$ m gespannt. Der Durchmesser des Seiles beträgt 20 mm, das spezifische Gewicht $\gamma =$ 40 kN/m³. Bestimmen Sie den maximalen Durchhang und die an den Mastspitzen auftretenden Kräfte.

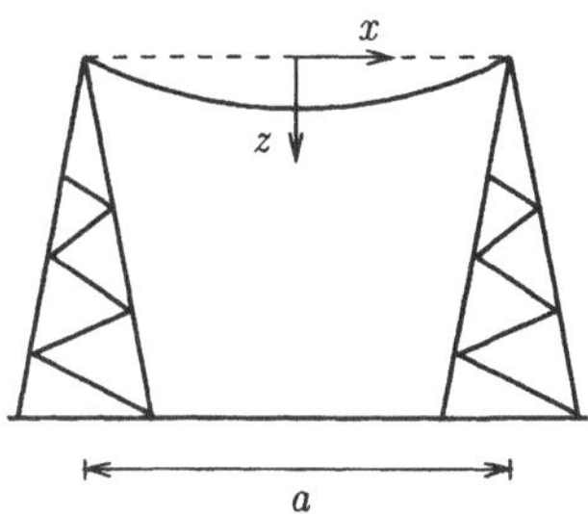

Lösung: Es handelt sich um ein durch sein Eigengewicht $p^*(s)$ belastetes Seil, dessen Seilkurve der nichtlinearen Dgl. (9.1) genügt

$$z'' = -\frac{p^*(s)}{H}\sqrt{1 + (z')^2}, \quad \text{mit} \quad p^*(s) = \gamma A = \text{konst.}$$

Für die Lösung gilt (9.2)

$$z = z(0) - \frac{H}{\gamma A}\left\{\cosh\left[c - \frac{\gamma A}{H}\,x\right] - \cosh c\right\}.$$

Die Integrationskonstanten $z(0)$ und c bestimmen wir mit Hilfe der Randbedingungen:

$$z'(0) = 0 : \quad c = 0$$

$$z(\tfrac{a}{2}) = 0 : \quad z(0) = \frac{2H}{\gamma A}\left\{\cosh\frac{\gamma A a}{2H} - 1\right\}.$$

Also gilt

$$z(x) = \frac{H}{\gamma A}\left\{\cosh\frac{\gamma A a}{2H} - \cosh\frac{\gamma A x}{H}\right\}.$$

Zur Ermittlung der Konstanten Horizontalkraft H greifen wir auf die Voraussetzung des undehnbaren Seiles zurück. Aus (9.4) folgt dann

$$l_0 = \int_0^{l_0} \mathrm{d}s = \int_{-\frac{a}{2}}^{\frac{a}{2}} \sqrt{1 + (z')^2}\, \mathrm{d}x = \int_{-\frac{a}{2}}^{\frac{a}{2}} \cosh\frac{\gamma A x}{H}\, \mathrm{d}x$$

$$\frac{l_0}{a} = \frac{2H}{\gamma A a}\sinh\frac{\gamma A a}{2H}$$

eine transzendente Gleichung.

Zahlenwerte:

$$l_0 = 45\,\text{m}, \quad a = 20\,\text{m} \quad \rightarrow \quad \frac{l_0}{a} = 2{,}25$$

Aus der transzendenten Gleichung erhalten wir damit

$$\frac{\gamma A a}{2H} = 2{,}38 \quad \rightarrow \quad H = 52{,}8\,\text{N}\,.$$

Die Vertikalkomponente V beträgt an der Mastspitze

$$V = H z'(\tfrac{a}{2}) = -H\sinh\frac{\gamma A a}{2H} = -282{,}2\,\text{N}\,.$$

Damit erhalten wir:

    max. Durchhang: $z(0) = 18{,}69\,\text{m}$

    max. Seilkraft: $S_{\text{max}} = 287{,}6\,\text{N}$

9.3 Aufgaben

Aufgabe 9.2:

Wie groß werden Horizontal- und Vertikalkomponente der Seilkraft, wenn das dargestellte Seil $f = 50\,\text{cm}$ durchhängt und je Meter 2 N wiegt?

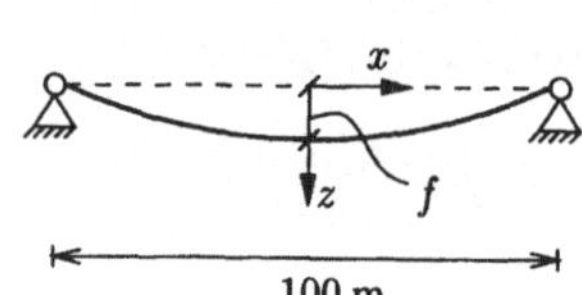

Aufgabe 9.3:

Ein Seil ist im Punkt C befestigt und wird im Punkt B durch eine Rolle umgelenkt. Die Masse m spannt das Seil derart, dass es im Punkt B gerade horizontal ist. Der Durchmesser der Rolle sei klein im Verhältnis zu den übrigen Abmessungen.

a) Bestimmen Sie die Seilkurve.

b) Geben Sie die Gleichung an, aus der sich die Masse m bestimmen lässt.

Gegeben: A, ρ, h, b, a

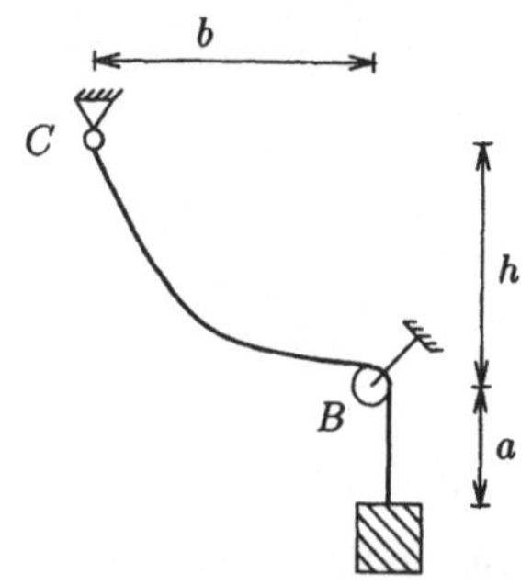

Aufgabe 9.4:

Ein undehnbares Seil (Querschnitt A, Dichte ρ) wird um reibungsfrei gelagerte Rollen geführt und durch eine Feder in Spannung gehalten. Bestimmen Sie die Kraft S in der Feder, wenn das straff gespannte Seil um f durchhängt.

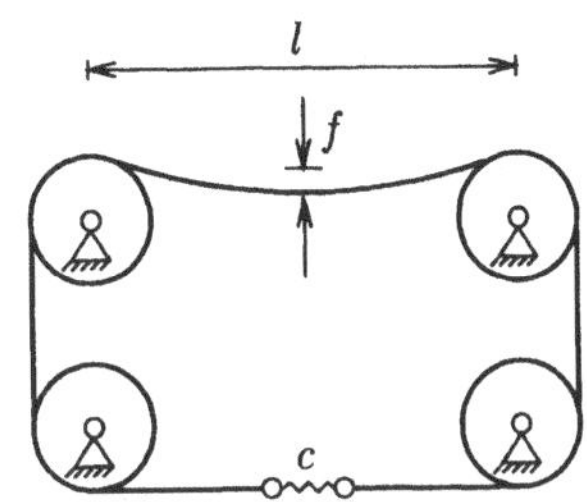

Aufgabe 9.5:

Ein Kupfer-Stahl-Kabel wird über zwei je 15 m hohe Masten geführt und darf, um eine freie Bodenhöhe von 10 m zu garantieren, einen maximalen Durchhang von 5 m haben. Eigengewicht und Raureifbelastung betragen 34,1 N/m. In welchem Abstand müssen die Masten errichtet werden, damit die zulässige Seilkraft von 50 kN nicht überschritten wird?

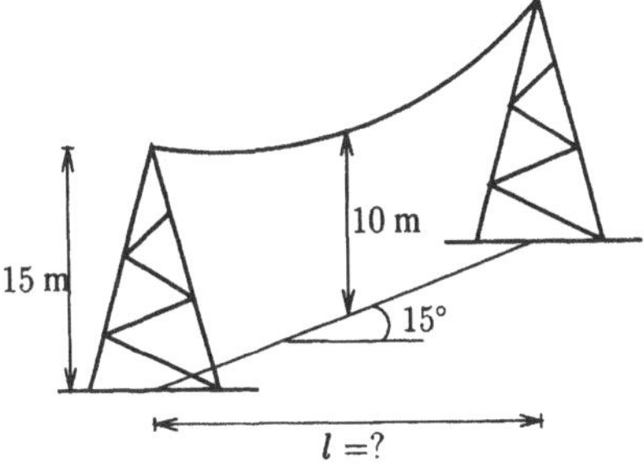

10 Lösungen

Auflagervereinbarungen:

Bei ebenen Systemen gelten die folgenden Vereinbarungen für positiv angenommene Auflagerreaktionen

↑   positiv angenommene Vertikalkomponente
→   positiv angenommene Horizontalkomponente

Der positiv angenommene Drehsinn eines Einspannmomentes ist jeweils in der Lösung angegeben. Für den Fall, dass Koordinatensysteme angegeben sind (z.B. bei räumlichen Systemen) gilt: Positiv angenommene Auflagerreaktionen zeigen stets in positive Koordinatenrichtung.

Kapitel 1: Vektorrechnung

Aufgabe 1.7:
Bilden wir die Differenz

$$c = b - a$$

so verbindet c den Endpunkt von a mit dem von b und wir finden

$$r = a + \lambda c$$

Daraus folgt für r

$$r = (-2 + 5\lambda)e_x + (-2 + 6\lambda)e_y + (4 - 2\lambda)e_z.$$

Aufgabe 1.8:
Aus (1.4) folgt

$$a \cdot b = 0 \quad \text{für} \quad \varphi = 90°$$

und daraus unmittelbar:

$$k = 3.$$

Aufgabe 1.9:

$$\varphi = 29{,}74°$$

Aufgabe 1.10:
Aus (1.4) folgt

$$a \cdot c = 0 \quad \text{und} \quad b \cdot c = 0$$

und daraus

$$c \mathrel{\hat{=}} \mp \frac{1}{\sqrt{35}} \, (10, \, -6, \, -2).$$

Hinweis: Der – auch mögliche – Ansatz über das Vektorprodukt (1.9)

$$c = \frac{|c|}{|a \times b|} \, a \times b$$

liefert lediglich den Vektor c, der mit a und b ein Rechtssystem bildet.

Aufgabe 1.11:

$\varphi = 45°$

Kapitel 2: Zentrale Kräftesysteme

Aufgabe 2.8:

Die Rollen bewirken nur eine Umlenkung der Gewichtskräfte G_1 und G_2. Das Gleichgewicht der drei gegebenen Kräfte am Knoten liefert dann

$$\alpha = 23{,}6°, \quad \beta = 42{,}8°$$

Aufgabe 2.9:

Die Normalkraft N_A an der Stelle A und das Gewicht G stehen im Gleichgewicht mit der Seilkraft S. Wir erhalten

$$S = 125 \text{ kN}, \quad N_A = 75 \text{ kN}$$

Aufgabe 2.10:

$$F_2 = 7{,}20 \text{ kN}, \quad S = 6{,}15 \text{ kN}$$

Aufgabe 2.11:

$$h = 82{,}8 \text{ cm}$$

Aufgabe 2.12:

$$R = 2{,}73 \text{ MN}, \quad \varphi = 3{,}17°$$

Aufgabe 2.13:

$$\varphi = \operatorname{arccot}\left(\frac{Gl^2}{Qar} + \sqrt{\frac{l^2}{r^2} - 1} \right)$$

Aufgabe 2.14:

$$S \ = 14{,}14 \text{ kN}, \quad G_2 = 28{,}28 \text{ kN},$$
$$N_1 = 14{,}14 \text{ kN}, \quad N_2 = 24{,}50 \text{ kN},$$
$$F \ = 17{,}22 \text{ kN}, \quad \delta \ = 7{,}50° \quad \text{bzw.} \quad \mathbf{F} \triangleq (2{,}25,\, 17{,}07) \text{ [kN]}$$

Aufgabe 2.15:

Wir bezeichnen die Normalkräfte mit N_i $(i = 1,2)$ und die Kontaktkräfte zwischen den Walzen mit F_{ik} $(i \neq k = 1,2,3)$. Dann erhalten wir

a) $F_{12} = F_{13} = \dfrac{G}{\sqrt{3}}, \quad F_{23} = \dfrac{G}{2}\left(3\tan\varphi - \tan 30°\right), \quad N_2 = N_3 = \dfrac{3G}{2\cos\varphi}$

b) $\varphi^* = 10{,}89°,$

Aufgabe 2.16:

a) $S_1 = 36{,}60 \text{ kN}, \quad S_2 = 25{,}88 \text{ kN},$

b) $\alpha = 60°, \quad S_{2\min} = 25 \text{ kN}$

Aufgabe 2.17:

Die Kräfte $\mathbf{F}$ sowie $\mathbf{F}_1$, $\mathbf{F}_2$ und $\mathbf{F}_3$ bilden ein Gleichgewichtssystem. Aufgrund der geometrischen Abmessungen finden wir

$$\mathbf{F} = 40\,\mathbf{e}_x + 30\,\mathbf{e}_y$$

sowie

$$\mathbf{F}_1 = F_1\mathbf{e}_1, \quad \mathbf{F}_2 = F_2\mathbf{e}_2, \quad \mathbf{F}_3 = F_3\mathbf{e}_3.$$

Wir drücken nun noch die Basisvektoren $\mathbf{e}_1$, $\mathbf{e}_2$ und $\mathbf{e}_3$ in Komponenten des kartesischen Bezugssystems aus und erhalten dann aus der Gleichgewichtsbedingung (2.3)

$$F_1 = 76{,}68\,\text{kN}, \quad F_2 = -53{,}67\,\text{kN}, \quad F_3 = -35{,}50\,\text{kN}$$

Aufgabe 2.18:

In den betrachteten Knoten errichten wir jeweils ein kartesisches Koordinatensystem dessen z-Richtung senkrecht zum Boden und dessen x-Richtung horizontal zur Straßenmitte weist.

Die Gleichgewichtsbedingungen in den drei Richtungen liefern dann die Kräfte in den Spanndrähten

a) $S_1 = S_4 = 4{,}67$ kN, $\quad S_2 = 4{,}73$ kN, $\quad S_3 = 16{,}69$ kN, $\quad S_5 = 16{,}00$ kN,

b) $\mathbf{R} \overset{\wedge}{=} (9{,}33,\ 16{,}00,\ 1{,}60)$ [kN], $\quad R = 18{,}59$ kN

Aufgabe 2.19:

$$S_1 = 16{,}36 \text{ kN}, \quad S_2 = 47{,}20 \text{ kN}, \quad F_1 = 68{,}83 \text{ kN}, \quad F_2 = 40{,}0 \text{ kN}$$

Aufgabe 2.20:

a) $\mathbf{R} \overset{\wedge}{=} (1{,}42,\ 2{,}56,\ 7{,}69)$ [kN], $\quad R = 8{,}23$ kN

b) $S_1 = 4{,}9$ kN, $\quad S_2 = 9{,}1$ kN, $\quad R = 18{,}2$ kN

Aufgabe 2.21:

$$F = 16{,}67 \text{ kN}, \quad S_1 = S_2 = 36{,}32 \text{ kN}$$

Aufgabe 2.22:

$$S_1 = S_3 = 21{,}92 \text{ N}, \quad S_2 = 34{,}80 \text{ N}$$

Kapitel 3: Allgemeine Kräftesysteme

Aufgabe 3.10:

Gleichgewichtsbedingung für vier komplanare Kräfte mit Hilfe der *Culmann*schen Hilfsgeraden (s. Band I, Satz 4.13). Wir erhalten – unter der Voraussetzung von Zugkräften S_1 und S_2 in den Seilen und einer Druckkraft P gegen den Pfahl

a) $S_1 = 3{,}91$ kN, $S_2 = 4{,}80$ kN, $P = 6{,}50$ kN

b) Bei Umkehr der Strömungsrichtung, d.h. Umkehr des Vorzeichens von F, ändern sich auch die Vorzeichen von S_1, S_2 und P. Damit sind sie nicht mehr von den Seilen bzw. vom Pfahl aufzunehmen. Das Boot muss also seine Lage ändern, um erneut einen Gleichgewichtszustand einnehmen zu können.

Aufgabe 3.11:

Wir bezeichnen die Normalkraft im Punkt a mit N_a und erhalten dann

$$S_1 = 2{,}88 \text{ kN}, \quad S_2 = 2{,}25 \text{ kN}, \quad A = 1{,}80 \text{ kN}.$$

Aufgabe 3.12:

Die Rolle lenkt die Gewichtskraft G lediglich um, so dass $S = G$. Mit Hilfe der Gleichgewichtsbedingungen bestimmen wir

$$F_1 = 7{,}05 \text{ kN}, \quad F_2 = 2{,}40 \text{ kN}, \quad F_3 = 1{,}53 \text{ kN}.$$

Aufgabe 3.13:

$$A = 4{,}4 \text{ kN}, \quad B = 1{,}95 \text{ kN}, \quad C = 3{,}3 \text{ kN}$$

Aufgabe 3.14:

Wir führen die unbekannten Kräfte jeweils positiv in positiver Koordinatenrichtung ein

$$\mathbf{F}_1 \mathrel{\hat{=}} (F_1, 0), \quad \mathbf{F}_2 \mathrel{\hat{=}} (F_2, 0), \quad \mathbf{F}_3 \mathrel{\hat{=}} (0, F_3)$$

und bestimmen dann mit Hilfe der Gleichgewichtsbedingungen

$$F_1 = -38 \text{ kN}, \quad F_2 = 48 \text{ kN}, \quad F_3 = 10 \text{ kN}.$$

Aufgabe 3.15:

Wir tragen die Kräfte (bzw. ihre Komponenten) in positiver Koordinatenrichtung an und erhalten

$$F_1 = -433{,}3 \text{ N}, \quad F_2 = 325{,}0 \text{ N}, \quad F_3 = 791{,}6 \text{ N}.$$

Aufgabe 3.16:

Mit Hilfe des Befreiungsprinzips zerlegen wir das System zunächst in die beiden sich berührenden Kugeln und das sie umgebende Rohr.

Als Aktions- bzw. Reaktionskräfte zwischen Kugeln und Rohr wirken entgegengesetzt-gleich große horizontale Kräfte (reibungsfrei), die wir mit Hilfe des Momentengleichgewichts um den Mittelpunkt der unteren Kugel bestimmen.

Der Grenzfall des Gleichgewichts wird erreicht, wenn das Rohr infolge dieser Aktionskräfte um eine seiner Kanten kippt. Dann erhalten wir

$$\frac{r}{R} \geqslant 1 - \frac{1}{2}\,\frac{G_1}{G_2}\,.$$

Aufgabe 3.17:

a) $\mathbf{F} \triangleq (3,\,7,\,4)\ [\text{kN}], \qquad F = 8{,}6\ \text{kN},$

  $\mathbf{M} \triangleq (2,\,3,\,5)\ [\text{kNm}], \quad M = 6{,}16\ \text{kNm},$

b) $\hat{\mathbf{F}} = \mathbf{F}, \quad \mathbf{M}_D = 0{,}635\,\mathbf{F},$

  $\mathbf{a} = \dfrac{1}{74}\,(23,\,-7,\,-5)\ [\text{m}], \quad a = 0{,}332\ \text{m}$

Aufgabe 3.18:

a) $\mathbf{M}_{(0)} \triangleq (16,\,10,\,9)\ [\text{kNm}],$

b) $\mathbf{M}_{(1)} \triangleq \dfrac{20}{3}\,(2,\,1,\,2)\ [\text{kNm}]$

Aufgabe 3.19:

  $F_1 = 7{,}5\ \text{kN}, \quad F_2 = 0{,}5\ \text{kN}, \quad F_3 = -2\ \text{kN}$

Aufgabe 3.20:

  $S_1 = 2{,}32\ \text{kN}, \quad S_2 = 5\ \text{kN}, \quad F = 8{,}97\ \text{kN}$

Aufgabe 3.21:

Die Lösung wird nur dann unabhängig von a, wenn gilt

$$x = \frac{10}{3}\,l,$$

siehe auch Beispiel in Band I, Abschnitt 11.3.2.

Aufgabe 3.22:

a) $S = 2{,}44\ \text{kN}, \quad N_1 = 1{,}22\ \text{kN}, \quad N_2 = 4{,}87\ \text{kN}$

b) Aus der Forderung ($N_1 \geqslant 0$, $N_2 \geqslant 0$, $S \geqslant 0$) folgt die Ungleichung

$$\frac{2h}{l} \leqslant \sin\varphi\,\cos^2\varphi \quad \text{für} \quad 0 \leqslant \varphi \leqslant 90°\,.$$

Aufgabe 3.23:

Die unbekannten Kräfte $\mathbf{F}_1$ bis $\mathbf{F}_6$ werden in Richtung der jeweiligen Koordinatenachsen als positiv angesetzt. Die Gleichgewichtsbedingungen (3.9) liefern dann

$$F_1 = F_2 = -P, \quad F_3 = F_5 = P, \quad F_6 = -F_4 = 2P.$$

Aufgabe 3.24:

Auf der Basis des gegebenen kartesischen Bezugssystems bestimmen wir

$$\mathbf{F} \triangleq (0,\,-3,\,4)\ [\text{kN}], \quad \mathbf{M} \triangleq (0,\,-20,\,0)\ [\text{kNm}]$$

in bezug auf den Ursprung des Koordinatensystems. Gemäß (3.6) erhalten wir die Dyname aus

$$\mathbf{M}_D \stackrel{\wedge}{=} (0,\ -7,2,\ 9,6),\quad M_D = 12\,\text{kNm},$$

$$\hat{\mathbf{F}} \stackrel{\wedge}{=} (0,\ -3,\ 4),\qquad \hat{F}\ = 5\,\text{kN}$$

im Abstand (3.4)

$$\mathbf{a} \stackrel{\wedge}{=} (3,2,\ 0,\ 0),\quad a = 3,2\,\text{m}.$$

Aufgabe 3.25:

Wir errichten in C ein kartesisches Koordinatensystem, dessen y-Richtung mit der Kante b und dessen x-Richtung mit der Kante a zusammenfallen.

a) Das gegebene Kräftesystem lässt sich dann reduzieren auf die resultierende Kraft sowie ein resultierendes Moment in der x-y-Ebene.

$$\mathbf{R}\ \stackrel{\wedge}{=} (5,1,\ 6,8,\ -2,5)\,[\text{kN}],\quad R\ = 8,86\,\text{kN},$$

$$\mathbf{M}_C \stackrel{\wedge}{=} (5,\ -3,75,\ 0)\,[\text{kNm}],\quad M_C = 6,25\,\text{kNm}.$$

b) Wegen $\mathbf{R} \cdot \mathbf{M}_C = 0$ steht dieses Moment senkrecht auf $\mathbf{R}$. Das System lässt sich auf eine einzelne Kraft $\hat{\mathbf{R}} = \mathbf{R}$ reduzieren, deren Wirkungslinie gemäß (3.4) um $\mathbf{a}$ parallel verschoben ist.

$$\mathbf{a} \stackrel{\wedge}{=} (-0,12,\ -0.16,\ -0,68),\quad a = 0,706\,\text{m}.$$

Aufgabe 3.26:

$$A_x = 0,\quad A_y = 1\,\text{kN},\quad A_z = B_x = -3\,\text{kN},\quad B_z = 1,59\,\text{kN},\quad C_z = 3,41\,\text{kN}$$

Aufgabe 3.27:

$$R = 0,52F = 1,04\,\text{kN},\quad \Delta = \frac{M_0 - M_1}{M_0}\,100\,\% = 4,47\,\%$$

Aufgabe 3.28:

Resultierende Kraft: $F = 23\,\text{kN},$ Angriffspunkt: $a_x = 0,73\,\text{m},\quad a_y = 1,58\,\text{m}$

Aufgabe 3.29:

a) Aus dem Kräftegleichgewicht (in vertikaler Richtung) und den Momentengleichgewichten um die x- bzw. y-Achse folgt

$$S_1 = F(1 - \frac{x}{a} - \frac{y}{b}),\quad S_2 = F\,\frac{x}{a},\quad S_3 = F\,\frac{y}{b}.$$

b) Das Brett kippt bei $S_1 < 0$, d.h. aus $S_1 \geqslant 0$ folgt

$$y \leqslant b - \frac{b}{a}\,x.$$

c) $P_0 \stackrel{\wedge}{=} \left(\frac{a}{3},\ \frac{b}{3}\right).$

Aufgabe 3.30:

Aus Symmetriegründen sind die Kräfte in den beiden Abstrebungen gleich groß. Ihre Größe erhalten wir aus dem Momentengleichgewicht um eine der beiden Achsen auf der Erdoberfläche durch den Eckpfosten

$$A_1 = A_2 = 2\sqrt{2} = 2{,}83 \text{ kN.}$$

Aufgabe 3.31:
$$S = \frac{G}{2} \frac{\cos \alpha}{\cos \frac{\alpha}{2}}$$

Aufgabe 3.32:
$$\Delta h = 0{,}34\, l$$

Aufgabe 3.33:
$$S_1 = 113{,}45 \text{ kN}, \quad S_2 = 43{,}14 \text{ kN}$$

Kapitel 4: Schwerpunkt

Aufgabe 4.5:

Der Körper ist rotationssymmetrisch. Der Schwerpunkt liegt deshalb auf der Rotationsachse bei

$x_S = 0,583$ m.

Aufgabe 4.6:

Die Pleuelstange wird in verschiedene Teilvolumina V_i mit bekannten Schwerpunktslagen x_i zerlegt. Analog zu (4.7) erhalten wir dann aus

$$s = \frac{\sum\limits_i x_i V_i}{\sum\limits_i V_i} = 80 \text{ mm}.$$

Aufgabe 4.7:

$a = 2,53r, \quad b = 1,32r$

Aufgabe 4.8:

$a = 39,9$ mm

Aufgabe 4.9:

$x_S = 2,83$ cm, $\quad y_S = 5,88$ cm, $\quad z_S = 2,63$ cm

Aufgabe 4.10:

$$y_S = \frac{h}{3}$$

Aufgabe 4.11:

$d_1 = 15$ mm, $\quad \varphi = 135°$

Aufgabe 4.13:

Der Schwerpunkt der beladenen Plattform muss sich auf der Lotrechten durch den Aufhängepunkt befinden, d.h. $x_S = 0$. Damit lässt sich die Lage der Masse ($m = 24$ kg) festlegen zu

$x_m = 18,8$ cm.

Kapitel 5: Der gestützte Körper

Aufgabe 5.6:

a) $A = 13{,}2\,\text{kN}, \quad B = 14{,}8\,\text{kN}, \quad H = 0$

b) $A = 18\,\text{kN}, \quad H = 0, \quad \curvearrowright M_E = 56\,\text{kNm}$

c) $A = 1{,}4\,\text{kN}, \quad B = -0{,}4\,\text{kN}, \quad H = 1\,\text{kN}$

d) $A = 1{,}5\,\text{kN}, \quad B = 0{,}5\,\text{kN}, \quad H = 1\,\text{kN}$

Aufgabe 5.7:

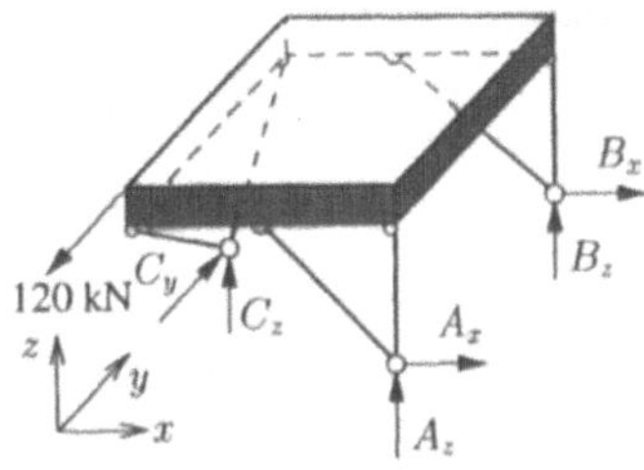

Auf der Basis des kartesischen Bezugssystems führen wir die 6 unbekannten Auflagerkräfte A_x, A_z, B_x, B_z sowie C_y, C_z ein.

Die Gleichgewichtsbedingungen für die Momente um die Achse A-B sowie um die x- bzw. z-Achse liefern dann

$$B_x = C_z = 0, \quad B_z = -100\,\text{kN}.$$

Damit erhalten wir aus den Kräftegleichgewichten in den drei Koordinatenrichtungen

$$A_x = 0, \quad A_z = 100\,\text{kN}, \quad C_y = 120\,\text{kN}.$$

Aufgabe 5.8:

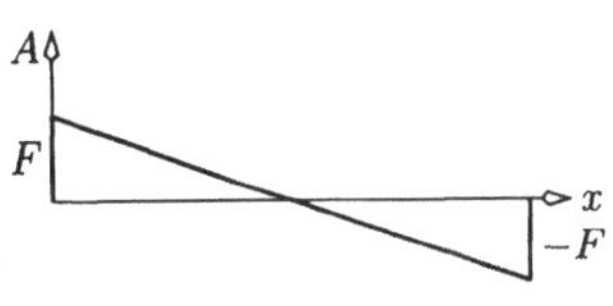

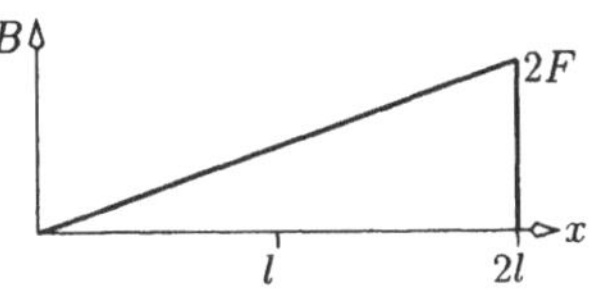

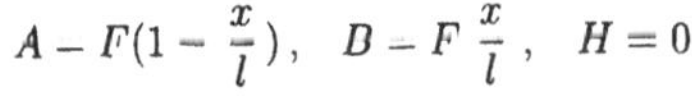

$$A - F\left(1 - \frac{x}{l}\right), \quad B - F\,\frac{x}{l}, \quad H = 0$$

Aufgabe 5.9:

Wir erhalten für $l + \dfrac{h}{2}\tan\alpha \neq 0$:

$$A_H = -\frac{l - \frac{h}{2}\tan\alpha}{l + \frac{h}{2}\tan\alpha}\,F, \quad A_V = -\frac{h}{l + \frac{h}{2}\tan\alpha}\,F, \quad B = \frac{Fh}{\cos\alpha\left(l + \frac{h}{2}\tan\alpha\right)}.$$

Für $l + \dfrac{h}{2}\tan\alpha = 0 \quad \Rightarrow \quad \tan\alpha = -\dfrac{2l}{h}$ wird das System verschieblich.

Aufgabe 5.10:

Allgemeine Lösung:

$$\sin\alpha - \mu_0\cos\alpha \leqslant \frac{G_2}{G_1} \leqslant \sin\alpha + \mu_0\cos\alpha$$

Zahlenwerte:

$$36{,}1\,\text{N} \leqslant G_2 \leqslant 374{,}4\,\text{N}$$

Aufgabe 5.11:

Wir nehmen Haften der Brettlage an und beachten, dass die Rolle lediglich für eine Umlenkung der im Seil herrschenden Seilkraft sorgt. Aus der Bedingung für Haften folgt dann

$$\mu_0 \geqslant \frac{1 - \sin\alpha}{\cos\alpha} \, .$$

Aufgabe 5.12:

Aus der Haftbedingung erhalten wir je nach Vorzeichen von T zwei verschiedene Äste der Lösung:

$$\mu_0 \geqslant \frac{\cos\alpha}{\sin\alpha + 2\cos\alpha} \quad \text{für} \quad \alpha \leqslant 90°, \quad \mu_0 \geqslant \frac{-\cos\alpha}{\sin\alpha + 2\cos\alpha} \quad \text{für} \quad \alpha \geqslant 90° \, .$$

Der theoretisch mögliche Wertevorrat von α ist dabei beschränkt auf $\alpha \leqslant 116{,}56°$.

Bei $\mu_0 = 1/3$ ist Gleichgewicht nur möglich zwischen

$$45° \leqslant \alpha \leqslant 101{,}31° \, .$$

Aufgabe 5.13:

$$\tan\alpha \geqslant \frac{1}{2}\left(\frac{1}{\mu_B} - \mu_W\right) \quad \Rightarrow \quad \alpha \geqslant 35{,}0°$$

Aufgabe 5.14:

Ein Kippen des Stapels erfolgt über die Oberkante der Spitze der untersten Platte. Der Schwerpunktsabstand des gesamten Stapels – von der Grundseite der untersten Platte aus gemessen – ist gem. (4.7)

$$x_S = \frac{\ell}{3} + \frac{n}{2}\, d$$

Damit der Stapel nicht kippt muss dann gelten:

$$n \leqslant \frac{4h}{3d} = \frac{2a}{\sqrt{3}d} \, .$$

Kapitel 6: Schnittgrößen, Zustandslinien

Aufgabe 6.9:

Die drei unterschiedlichen Belastungsarten sind mit verschiedenen Lasten n und q des schrägen Balkens verbunden:

1) Die erste Last wirkt senkrecht und ist bezogen auf die Länge $2l$ der Projektion des Balkens auf die Grundfläche.
2) Die zweite Last wirkt senkrecht auf den Balken und ist bezogen auf die Länge des Balkens.
3) Die dritte Last wirkt senkrecht (wie 1.), ist jedoch (wie 2.) bezogen auf die Länge des Balkens.

Demzufolge erhalten wir für die Lasten in Balkenachse:

Lastfall 1: $\quad q_1 = q\cos^2\alpha, \quad n_1 = q\sin\alpha\cos\alpha$

Lastfall 2: $\quad q_2 = q, \qquad\qquad n_2 = 0$

Lastfall 3: $\quad q_3 = q\cos\alpha, \quad n_3 = q\sin\alpha$

Wir erhalten so für die einzelnen Lastfälle:

Lastfall 1:

$$A_V = ql, \quad A_H = q\,\frac{l}{2}\cot\alpha$$

$$N(x)_1 = -ql\sin\alpha\left\{1 + \frac{1}{2}\cot^2\alpha + \frac{x}{l}\cos\alpha\right\}$$

$$Q(x)_1 = q\,\frac{l}{2}\cos\alpha\left\{1 - 2\,\frac{x}{l}\cos\alpha\right\}$$

$$M(x)_1 = q\,\frac{lx}{2}\cos\alpha\left\{1 - \frac{x}{l}\cos\alpha\right\}$$

Lastfall 2:

$$A_V = ql, \quad A_H = q\,\frac{l}{2}\cot\alpha\left\{2 - \frac{1}{\cos^2\alpha}\right\}$$

$$N(x)_2 = -q\,\frac{l}{2}\,\frac{1}{\sin\alpha}$$

$$Q(x)_2 = q\,\frac{l}{2}\,\frac{1}{\cos\alpha}\left\{1 - 2\,\frac{x}{l}\cos\alpha\right\} = \frac{1}{\cos^2\alpha}Q_1$$

$$M(x)_2 = q\,\frac{lx}{2}\,\frac{1}{\cos\alpha}\left\{1 - \frac{x}{l}\cos\alpha\right\} = \frac{1}{\cos^2\alpha}M_1$$

Lastfall 3:

$$A_V = \frac{ql}{\cos\alpha}, \quad A_H = \frac{ql}{2\sin\alpha}$$

$$N(x)_3 = \frac{1}{\cos\alpha}N_1$$

$$Q(x)_3 = \frac{1}{\cos\alpha}Q_1$$

$$M(x)_3 = \frac{1}{\cos\alpha}M_1$$

Aufgabe 6.10:

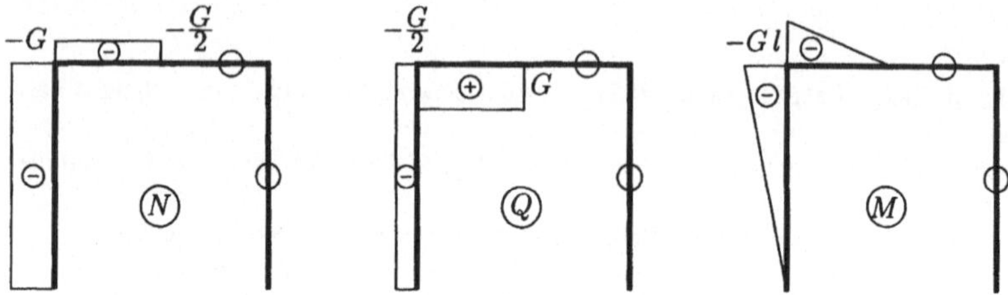

Aufgabe 6.11:

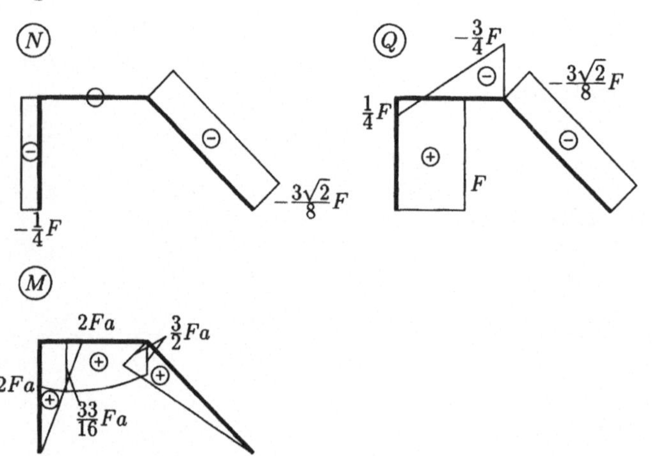

Aufgabe 6.12:

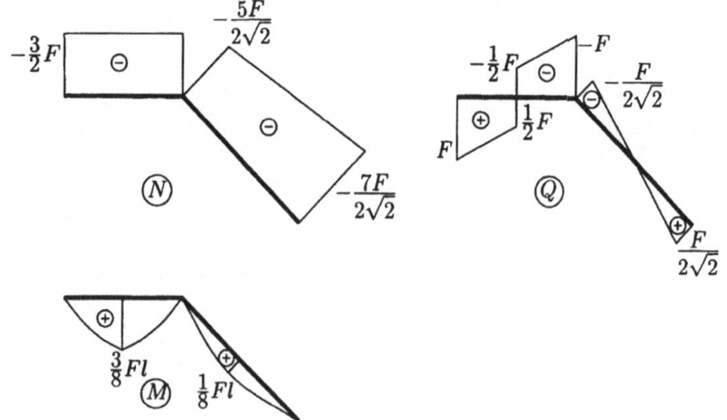

Aufgabe 6.13:

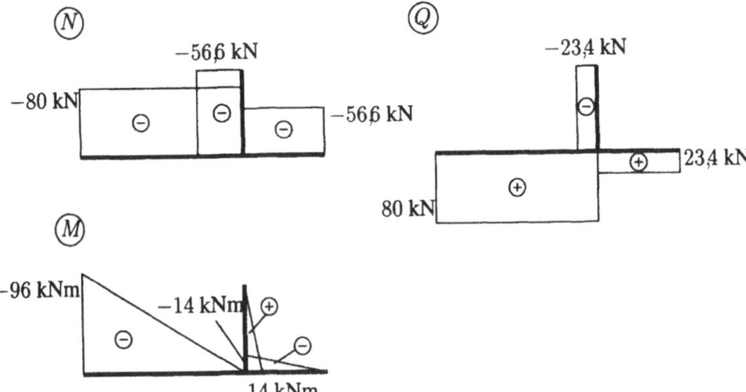

Aufgabe 6.14:

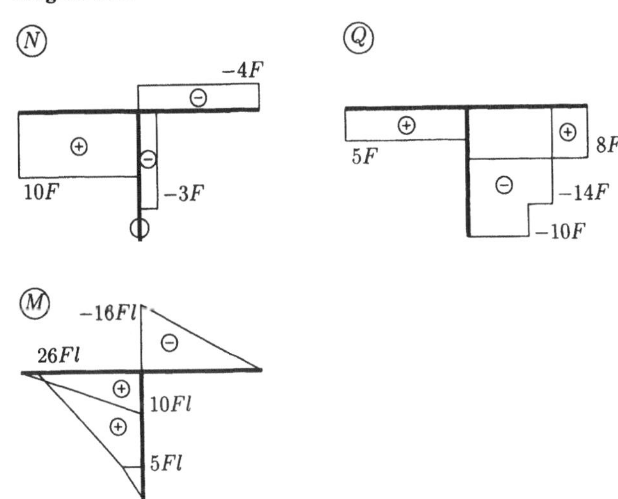

Aufgabe 6.15:

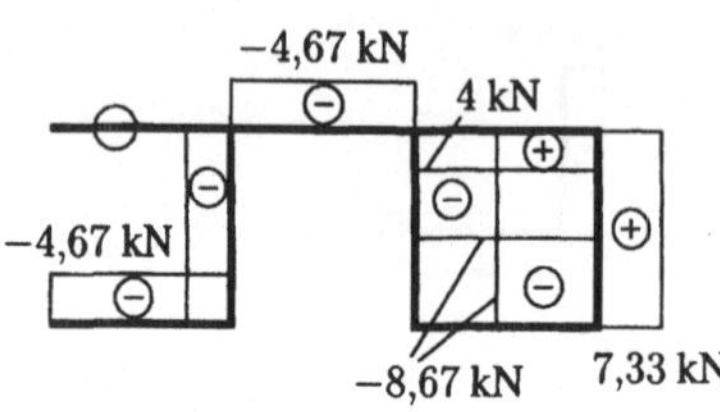

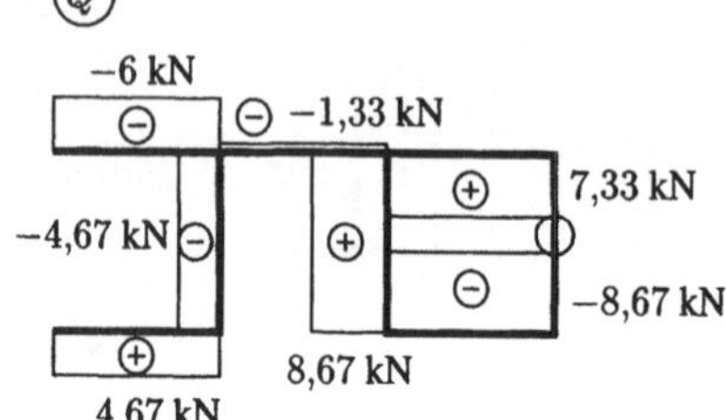

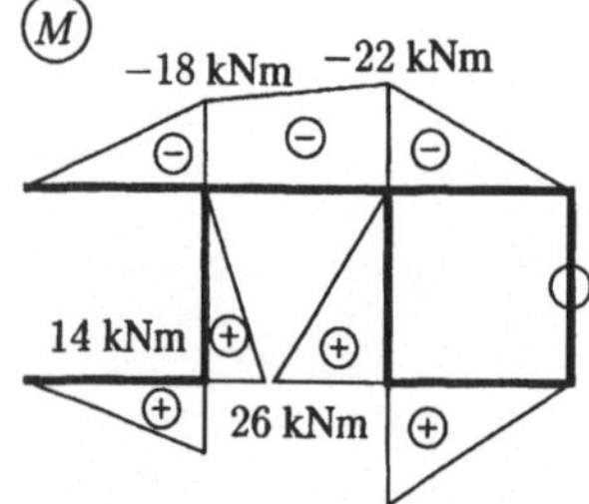

Aufgabe 6.16:

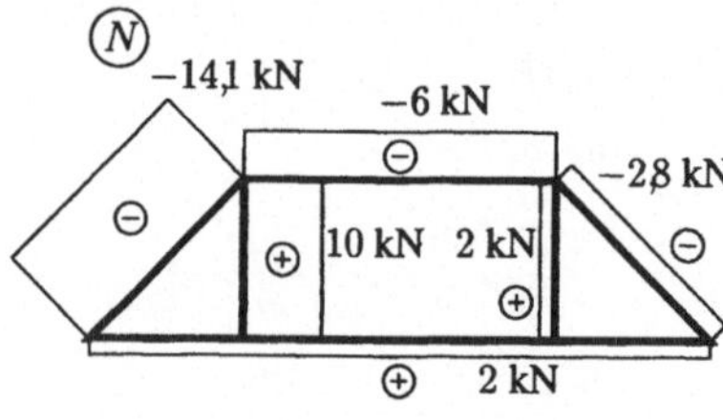

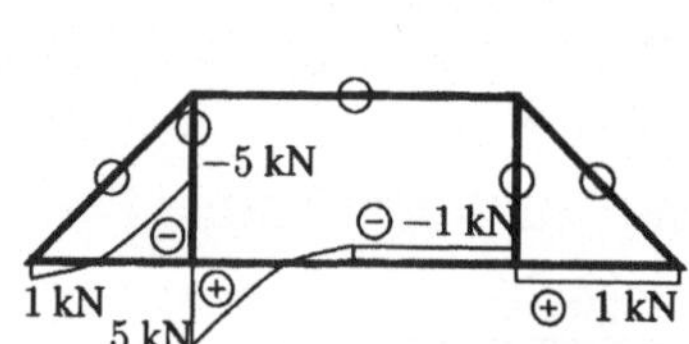

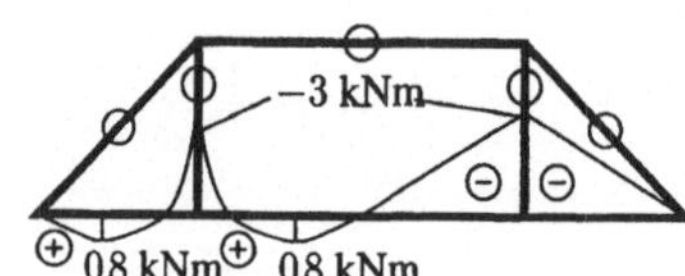

Aufgabe 6.17:

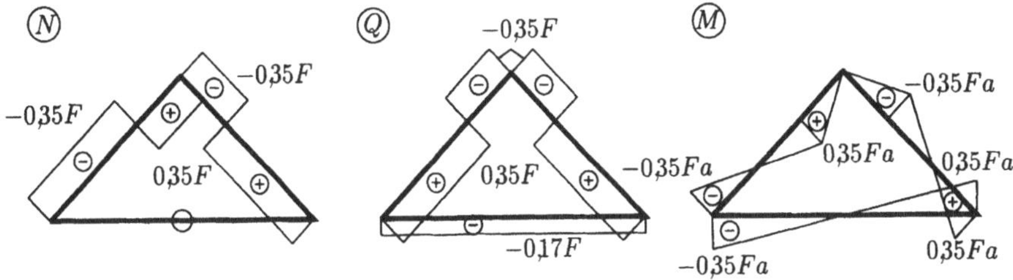

Aufgabe 6.18:

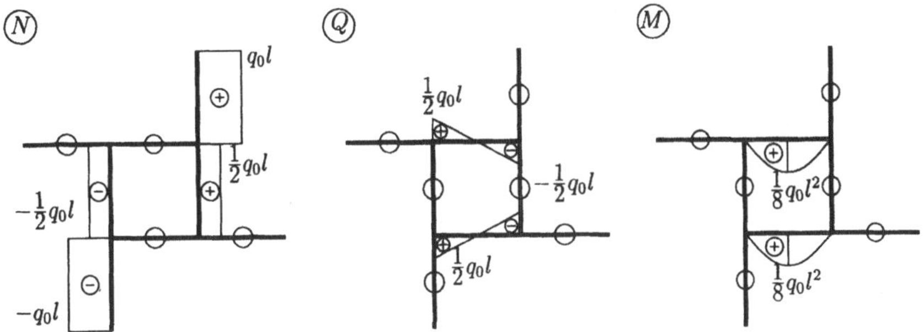

Aufgabe 6.19:

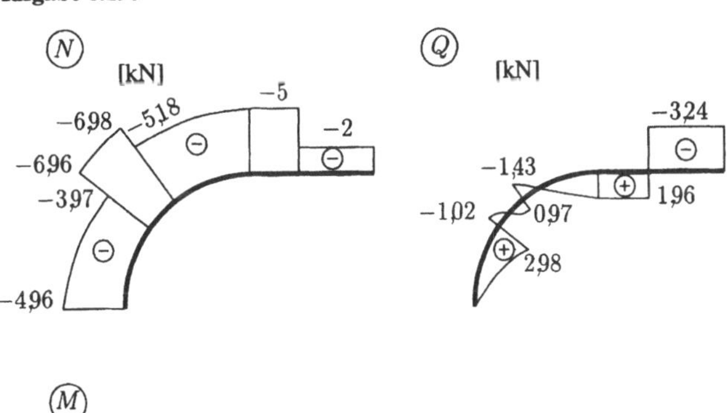

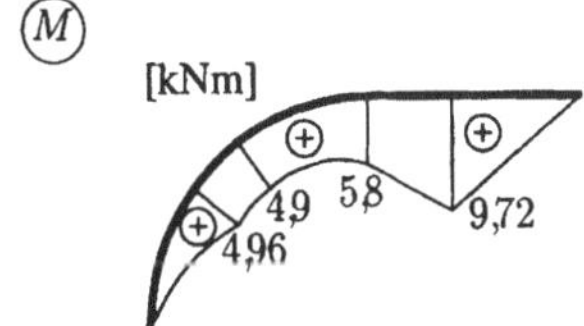

Aufgabe 6.20:

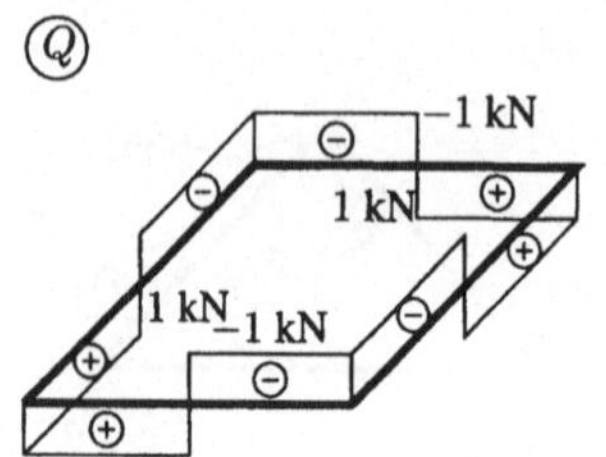

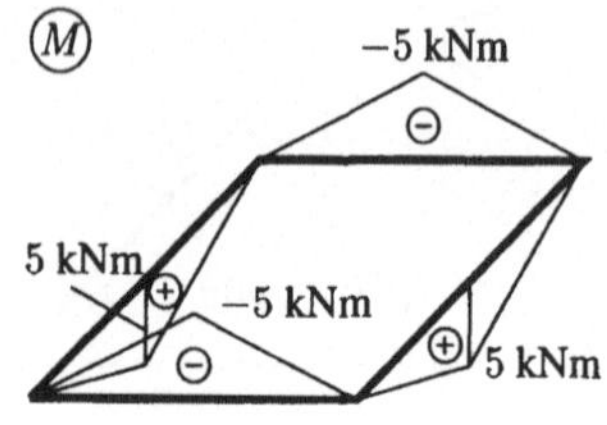

Aufgabe 6.21:

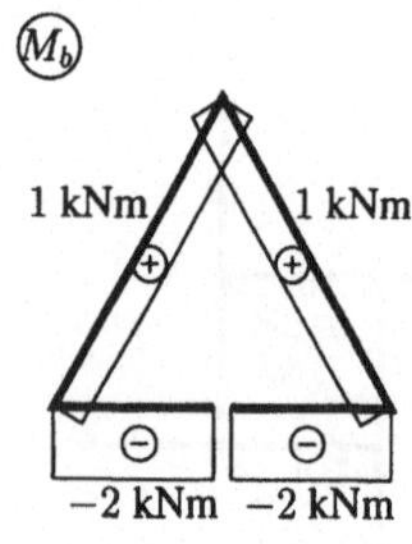

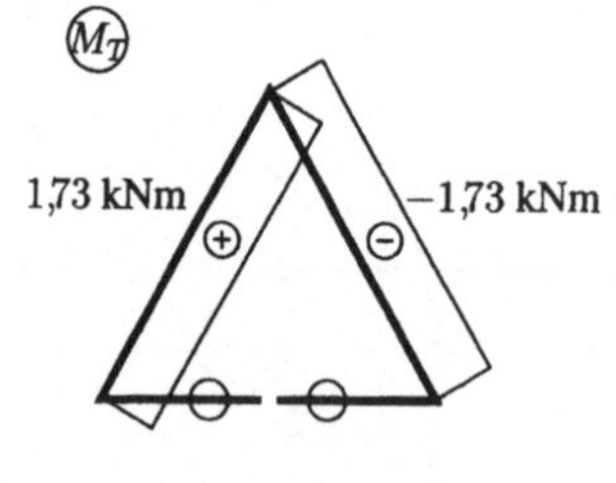

Aufgabe 6.22:

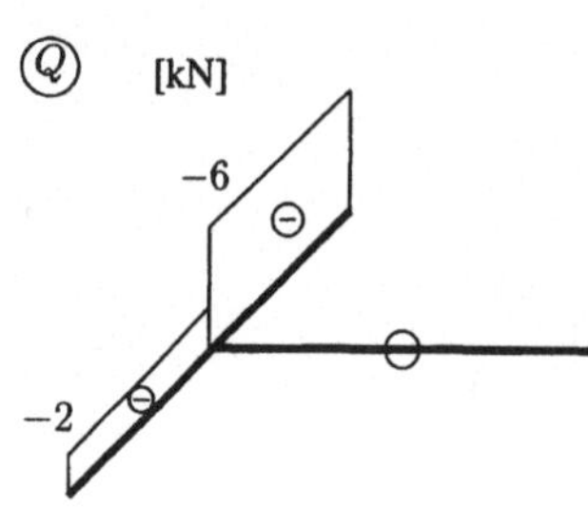

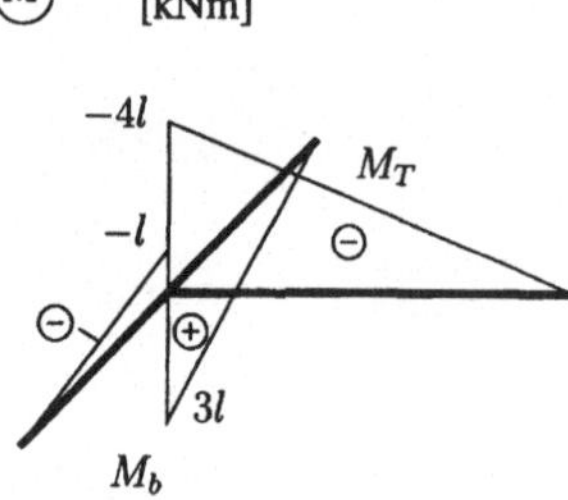

Kapitel 7: Fachwerke

Aufgabe 7.4:

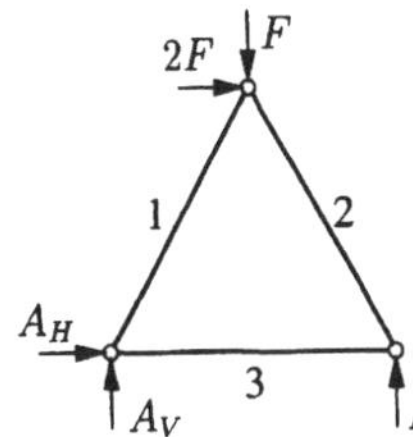

Auflagerkräfte:

$$A_H = -2F, \quad A_V = -1{,}23F, \quad B = 2{,}23F$$

Alle Ausfachungsstäbe sind offensichtliche Nullstäbe. Es verbleibt lediglich das äußere Dreieck mit den Stabkräften

$$S_1 = 1{,}42F, \quad S_2 = -2{,}58F, \quad S_3 = 1{,}29F$$

Aufgabe 7.5:

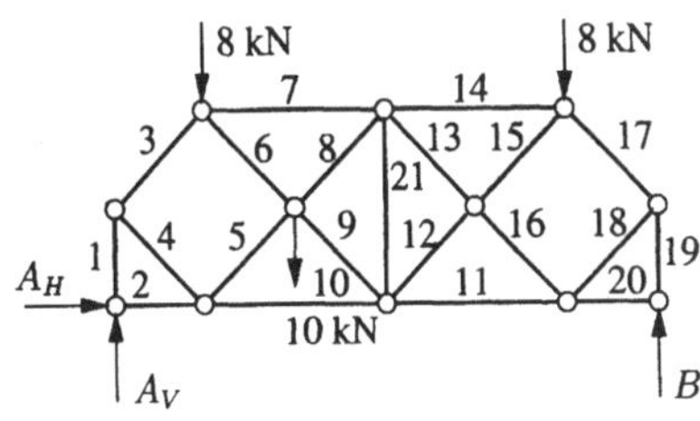

Lösung mit Hilfe des Knotenschnitt-Verfahrens. Nach Bestimmung der Auflagerkräfte werden an beiden Auflagern beginnend Knotenschnitte bis zur Mitte durchgeführt. Die beiden mittleren Knoten werden danach erst zum Schluss berechnet. Es ergeben sich

$$S_2 = S_{20} = 0$$
$$S_1 = -S_{10} = -14{,}7\,\text{kN}$$
$$S_3 = S_5 = -S_4 = -10{,}4\,\text{kN}$$
$$S_6 = -0{,}9\,\text{kN}, \quad S_7 = -6{,}7\,\text{kN}$$

$$S_8 = S_{12} = S_{14} = S_{15} = -3{,}3\,\text{kN}, \quad S_9 = S_{13} = S_{16} = S_{17} = -S_{18} = -S_{21} = -8\,\text{kN}$$
$$S_{11} = -S_{19} = 11{,}3\,\text{kN}$$

Aufgabe 7.6:

Lösung mit Hilfe des Ritter-Schnitt-Verfahrens zur Bestimmung der Stabkräfte in den angekreuzten Stäben. Nach Ermittlung der Auflagerkräfte werden an den angegebenen Stellen senkrechte Schnitte durch das Fachwerk geführt, die nicht mehr als drei Stäbe schneiden. Die Gleichgewichtsbedingungen für die abgeschnittenen Teile liefern dann

$$S_2 = 0, \quad S_5 = -11{,}31\,\text{kN}, \quad S_6 = 8\,\text{kN}, \quad S_7 = 17\,\text{kN}, \quad S_8 = -20\,\text{kN}, \quad S_9 = -16\,\text{kN}$$
$$S_{11} = 9{,}33\,\text{kN}, \quad S_{12} = -9{,}43\,\text{kN}$$

Aufgabe 7.7:

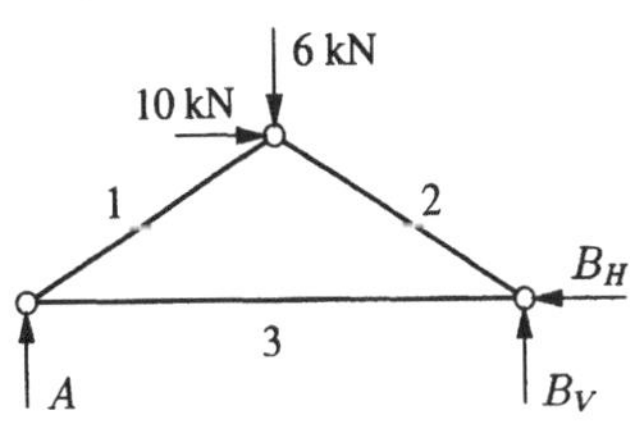

Alle Ausfachungsstäbe sind offensichtliche Nullstäbe. Es verbleibt lediglich das äußere Dreieck mit den Stabkräften

$$S_1 = -1{,}12\,\text{kN}, \quad S_2 = -12{,}30\,\text{kN}, \quad S_3 = 1\,\text{kN}$$

Aufgabe 7.8:

$$S_1 = S_3 = S_7 = S_{11} = 0$$
$$S_2 = S_4 = S_6 = S_8 = S_9 = S_{10} = -F, \quad S_5 = \sqrt{2}F$$

Aufgabe 7.9:

$$S_3 = S_5 = S_8 = S_{14} = S_{19} = 0,$$
$$S_1 = S_4 = -S_6 = -S_7 = -S_{10} = -S_{16} = -S_{20} = 2\,\text{kN}, \quad S_2 = -S_9 = -2\sqrt{2}\,\text{kN},$$
$$S_{11} = S_{12} = -4\,\text{kN}, \quad S_{13} = 4\sqrt{2}\,\text{kN}, \quad S_{15} = -8\,\text{kN},$$
$$S_{17} = -S_{21} = -2{,}24\,\text{kN}, \quad S_{18} = 4{,}47\,\text{kN}$$

Aufgabe 7.10:

$$S_1 = -S_4 = -0{,}5F, \quad S_2 = F, \quad S_3 = 0, \quad S_5 = -S_8 = -1{,}5F, \quad S_6 = -S_7 = -\sqrt{2}/2F$$

Aufgabe 7.11:

$$S_1 = S_2 = 0{,}25F, \quad S_3 = S_{10} = S_{11} = 0, \quad S_4 = -0{,}559F, \quad S_5 = -S_6 = 1{,}25F,$$
$$S_7 = S_9 = 5\sqrt{2}/4F, \quad S_8 = -0{,}5F, \quad S_{12} = -1{,}5F$$

Aufgabe 7.12:

$$S_1 = -S_4 = 1{,}5F, \quad S_2 = -S_3 = -\sqrt{2}/2F, \quad S_5 = 1{,}75F, \quad S_6 = -S_9 = -\sqrt{5}/8F,$$
$$S_7 = -1{,}625F, \quad S_8 = 1{,}5F, \quad S_{10} = 0$$

Aufgabe 7.13:

a) Das System ist äußerlich statisch bestimmt, innerlich 1-fach unbestimmt.

b) $S_1 = -\sqrt{2}F, \quad S_2 = S_3 = -S_{16} = S_{19} = F, \quad S_9 = 0$

Aufgabe 7.14:

a) Das System ist äußerlich statisch bestimmt, innerlich 1-fach unbestimmt.

b)

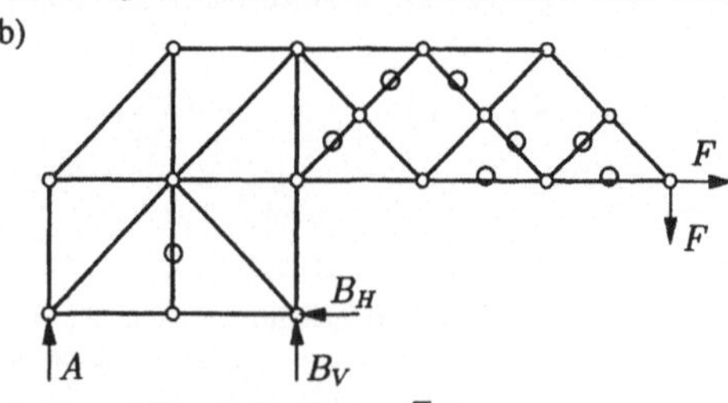

c) $S_1 = -S_3 = 2F, \quad S_2 = \sqrt{2}F$

Kapitel 8: Das Prinzip der virtuellen Verschiebungen

Aufgabe 8.4:

Wir führen an der Stelle A ein Gelenk ein und unterwerfen das System einer virtuellen Verschiebung.

$$M_A = \frac{1}{3} Hl$$

Aufgabe 8.5:

Wir schneiden das System jeweils in den angekreuzten Stäben und erhalten so 1-fach verschiebliche Systeme, die wir einer virtuellen Verschiebung unterwerfen. Auf diese Weise bestimmen wir

$$S_1 = 2\sqrt{2}F, \quad S_2 = -2F.$$

Aufgabe 8.6:

$$F_2 = 7F_1 \cot \alpha$$

Aufgabe 8.7:

$$M = \frac{G}{2} (b \cos \varphi - c \sin \varphi)$$

Aufgabe 8.8:

Bahnkurve C: $\quad \rho = 2l - 2 \, \frac{m_2}{m_1} \, \frac{ah}{s} \, \cos \varphi$

Das ist die Gleichung einer Kardioide.

Kapitel 9: Seile

Aufgabe 9.2:

Bei $f/l = 5 \cdot 10^{-3}$ handelt es sich um ein straff gespanntes Seil, d.h. es gilt die vereinfachte Dgl. (9.5). Integration und Einsetzen der Randbedingungen liefert:

$$H = 5.000\,\text{N}, \quad V_{\text{max}} = 100\,\text{N}.$$

Aufgabe 9.3:

Die Rolle bewirkt lediglich eine Umlenkung der Gewichtskraft, d.h. mit $H = mg + qa$ und $q = \rho g A$ gilt

a) für die Seilkurve:

$$z(x) = \frac{H}{q} \left(1 - \cosh \frac{qx}{H}\right)$$

b) Am Rand $x = b$ gilt:

$$z(b) = -h: \quad \Rightarrow \quad 1 + \frac{\rho A h}{m + \rho A a} = \cosh \frac{\rho A b}{m + \rho A a}$$

Aufgabe 9.4:

$$S = \frac{1}{8} \rho g A \frac{l^2}{cf}$$

Aufgabe 9.5:

Es handelt sich um ein straff gespanntes Seil. Wir erhalten

$$l = 233{,}9\,\text{m}.$$